Os Desafios do Ensino de Física

Física e Suas habilidades

ÍNDICE
1. Introdução
2. Capítulo 1: A Importância da Física no Mundo Moderno
3. Capítulo 2: A Abordagem Didática no Ensino de Física
4. Capítulo 3: O Perfil do Professor de Física
5. Capítulo 4: Superando os Estigmas e Desafios do Ensino de Física
6. Capítulo 5: Ferramentas e Recursos Pedagógicos
7. Capítulo 6: Física e Suas Habilidades
8. Capítulo 7: Adaptação Curricular e Inclusão
9. Capítulo 8: A Avaliação no Ensino de Física
10. Capítulo 9: Projetos Interdisciplinares e Ensino de Física
11. Capítulo 10: O Futuro do Ensino de Física
12. Capítulo 11: Dicas Práticas para o Ensino de Física
13. Capítulo 12: Encerramento

Bem-vindo ao fascinante universo dos desafios do ensino de Física! É com grande entusiasmo que lhe apresento este livro, um convite não apenas para aprender, mas para se apaixonar pela Ciência que fundamenta nosso entendimento do mundo. Ao abrirmos este espaço, buscaremos juntos explorar as nuances desta disciplina que, por muitas vezes, é vista como árida ou distante, mas que de fato carrega em seu cerne a beleza e a lógica do universo.

Neste percurso, iremos nos deparar com a genialidade da Física e a importância de compreendê-la. Ao longo dos capítulos, você encontrará uma discussão rica e instigante sobre como essa ciência, tão essencial em nosso cotidiano, se interconecta com nossa vida moderna. Não se trata apenas de números e fórmulas, mas sim de conceitos que moldam a nossa realidade, desde as tecnologias que utilizamos até as leis que regem a natureza. Assim, nossa primeira missão é fomentar uma curiosidade genuína, uma fagulha que incendeia a luta pelo entendimento científico.

No primeiro capítulo, mergulharemos na importância da Física, ampliando nossos horizontes para as inovações que ela trouxe e continua a trazer para a sociedade. Você verá como a Física se entrelaça com inúmeras áreas do conhecimento, desde a medicina até as energias renováveis, e como essas interações reafirmam a habilidade humana de transformar suas aspirações em realidades palpáveis. Ali, você será desafiado a repensar seu conceito sobre a disciplina, a perceber seu impacto no dia a dia e, assim, se permitir dormir à noite em paz, sabendo que a Physics não é um desafio, mas, sim, uma forma inteligente de entender o mundo ao nosso redor.

Em seguida, nossa abordagem didática será apresentada como um poderoso aliado nas salas de aula. O ensino de Física pode ser dinâmico, envolvente e, acima de tudo, acessível. Você encontrará ferramentas valiosas para revitalizar suas aulas, já que buscaremos afastar a ideia de que a Física é algo a ser temido. Queremos que você conheça o prazer da descoberta, do encanto que surge ao resolver um enigma científico ou ao realizar um experimento. Esperamos deixar para trás o velho estigma de que a Física é algo exclusivo a uma elite de intelectuais, mas que deve ser democratizada e compartilhada entre todos.

O perfil do professor e, consequentemente, do educador de Física será um dos nossos assuntos centrais. Um bom professor é aquele que não se limita a formar alunos, mas sim a formar futuros pensadores críticos. A educação é uma construção contínua, e nós enfatizaremos a importância da formação contínua para que os educadores se mantenham atualizados e preparados para cultivar essa curiosidade nos jovens alunos. Você perceberá que cada relato de um professor que superou desafios na sua prática pedagógica será um farol que ilumina o caminho de muitos.

Exploraremos também os estigmas que cercam a Física, dando voz a experiências reais de superação. Através de narrativas inspiradoras, conheceremos não apenas as dificuldades que alunos e professores enfrentam, mas também as táticas práticas que podem ser aplicadas para transformá-las em oportunidades de aprendizado rico e significativo. A resiliência e a força da comunidade educacional surgirão como mensagens centrais, oferecendo apoio e esperança.

Nos capítulos seguintes, seremos, então, apresentados a diversos recursos pedagógicos que podem trazer novidade a um ensino muitas vezes rotineiro. Ferramentas tecnológicas, experimentos práticos e abordagens inovadoras servirão como instrumentos para transformar a maneira como a Física é ensinada. A ideia é que você saia deste livro armado com abordagens renovadas que captem o interesse de jovens mentes curiosas.

E o que dizer sobre o futuro do ensino de Física? Anteveremos as tendências que já começam a moldar a educação, e instigaremos a reflexão sobre como os educadores devem se adaptar a essas mudanças. A dinâmica da educação está em constante evolução, e enquanto algumas questões continuam eternas, outras se alteram rapidamente, levando-nos a um espaço onde a física pode e deve ser reinventada a cada nova aula.

Dando um passo adiante, focaremos em habilidades que vão muito além das fórmulas e equações — habilidades que, sem dúvida, serão cruciais no mundo do trabalho do futuro. A Física desenvolverá em nossos alunos capacidades que os capacitarão a atuar de maneira proativa na sociedade. Afinal, o que queremos produzir não são apenas estudantes que passam em provas, mas cidadãos críticos e bem-informados, prontos para contribuir e fazer a diferença.

Chegamos ao nosso encerramento com dicas práticas. Essas orientações não são apenas sugestões, mas sim uma celebração das descobertas e experiências que vivemos juntos ao longo do nosso caminho. Quais passos podemos tomar a partir daqui? Como podemos continuar este movimento que inicia aqui? Meu objetivo é que, ao chegar ao final deste livro, você esteja não apenas satisfeito, mas animado para implementar novas ideias e continuar a jornada na busca pelo conhecimento.

Prepare-se, caro leitor, para uma explosão de informações, reflexões e, em especial, descobertas que transformam a maneira como encaramos a Física. Meu desejo é que cada página deste livro ative a curiosidade e a paixão pela ciência que todos nós, em algum momento, já sentimos. Que ao final dessa leitura, você se sinta estimulado não apenas a compreender a Física, mas a transcendê-la e a enxergar o mundo de um jeito novo e iluminador.

A jornada está apenas começando, e convido você a se embarcar nesta exploração.

Vamos juntos desbravar os desafios e as recompensas do ensino de Física, com a esperança de que, ao final, possamos inspirar futuras gerações a olhar para o mundo com olhos curiosos e criativos.

Com entusiasmo e carinho,
Ezequias de Souza Ferraz Júnior

Capítulo 1: A Importância da Física no Mundo Moderno

Você já parou para pensar em como a Física está entrelaçada nas pequenas e grandes coisas do nosso dia a dia? Desde o momento em que acordamos e a luz do sol entra pela janela, até a forma como nos deslocamos de um lugar para outro, a Física está sempre presente. Não é exagero dizer que sem ela, nosso mundo seria absolutamente diferente – um local menos interessante e, sem sombra de dúvida, menos prático. Quando olhamos para as tecnologias que utilizamos diariamente, como smartphones e redes elétricas, percebemos que cada inovação resulta de princípios físicos fundamentais. Sem a eletricidade, por exemplo, nossos lares seriam meras cavernas sem nenhuma da conveniência que temos hoje.

As interações da Física não se limitam a um único campo do saber. A conexão entre a Física e outras disciplinas, como a Química e a Biologia, é onde começa a mágica das ciências. Imagine uma simples reação química, como a que ocorre quando cozinhamos um ovo. Por trás dessa reação, existem princípios físicos que descrevem como as moléculas se movimentam e reagem sob temperatura e pressão. Essa combinação de disciplinas é vital para os avanços significativos que moldam nossa sociedade, desde a criação de novos medicamentos até processos de purificação de água.

Vamos considerar alguns exemplos práticos? Pensemos na mecânica. Quando você anda de bicicleta, você utiliza conceitos de força e resistência do ar que um físico, provavelmente, descreveria com precisão. O design de ciclistas, asfalto e até mesmo os materiais escolhidos para a fabricação da bicicleta tem tudo a ver com a Física, que busca otimizar seu desempenho e conforto. Não obstante, o extraordinário fenômeno do magnetismo é uma energia invisível, mas palpável, que torna possível a existência de trens de alta velocidade.

A relevância da Física na medicina também não pode ser subestimada. A ressonância magnética, uma tecnologia revolucionária, utiliza princípios físicos para criar imagens do interior do corpo humano, permitindo diagnósticos precisos e ajudando a salvar vidas. Cada vez que um médico faz uma avaliação baseada em um exame de imagem, os fundamentos da Física estão em ação, proporcionando informações críticas sobre a saúde de um paciente.

É evidente que a Física permeia todos os aspectos de nossa vida moderna, moldando a maneira como vivemos e interagimos com o mundo. E, enquanto adentramos nas páginas seguintes deste livro, espero que você se sinta inspirado a ver a Física não como um mero conjunto de teorias abstratas, mas como a base que sustenta nosso cotidiano e nos impulsiona para o futuro. Neste caminho que estamos trilhando juntos, a Física não só explica como as coisas funcionam; ela nos ensina a questionar, a explorar e a inventar um amanhã cada vez mais brilhante.

    A Física é, sem dúvida, um alicerce nas edificações das tecnologias atuais, e sua relevância se estende ainda mais ao observar o impacto direto que exerce em nossas vidas contemporâneas. Quando falamos de tecnologia, estamos abordando um campo vasto onde a Física se manifesta em práticas cotidianas de maneiras muitas vezes invisíveis, mas fundamentalmente impactantes. O avanço da energia renovável, por exemplo, é um testemunho de como os princípios físicos não só guiam nosso entendimento teórico, mas também são a espinha dorsal da inovação prática.

    Vamos considerar a energia solar. As placas fotovoltaicas, que capturam a luz do sol e a transformam em eletricidade, operam com base em conceitos complexos de absorção de fótons, movimento de elétrons e propriedades semicondutoras. Cada vez que você acende uma lâmpada em sua casa, uma série de interações físicas, embasadas em séculos de pesquisa, se desdobram para trazer a luz para o seu espaço. A importância de tudo isso é inegável, pois, além de acessar um recurso mais sustentável, temos a capacidade de reduzir a dependência de combustíveis fósseis, contribuindo significativamente para a preservação do meio ambiente.

Na medicina moderna, a Física desempenha um papel transformador que não pode ser desprezado. Tecnologias como a radioterapia utilizam radiações ionizantes para tratar diversas formas de câncer. Aqui, os conceitos físicos de radiação, energia e interação de partículas tornam-se vitais na luta contra doenças. O avanço dessas tecnologias tem mostrado um potencial notável em salvar vidas — é a Física que dá suporte a esses procedimentos que muitas vezes determinam o desfecho da vida de um indivíduo. Quando olhamos para a ressonância magnética, por sua vez, vemos como a manipulação de campos magnéticos e ondas de rádio resulta em imagens precisas que orientam diagnósticos médicos.

Além disso, vamos explorar como a Física nos proporciona um olhar direcionado para questões fundamentais como a exploração espacial. As tecnologias desenvolvidas para levar seres humanos e máquinas ao espaço são frutos, em grande parte, do domínio de fenômenos físicos. Os cálculos cuidadosos que guiam o lançamento de foguetes, a trajetória de satélites e a comunicação entre planetas são todos guiados por leis da Física. Cada missão espacial representa um marco que avança nossa compreensão do cosmos e do nosso lugar nele.

Por último, não podemos esquecer da eletrônica e das telecomunicações, que foram revolucionadas pela Física. A mínima variação na condução elétrica ou nas propriedades de materiais semicondutores resultou em um impacto massivo na maneira como nos conectamos. Com os princípios físicos subjacentes às redes de comunicação, as informações fluem livremente entre continentes, promovendo uma era digital que conecta pessoas como nunca antes.

Ao examinarmos estas inter-relações, torna-se claro que a Física não é apenas uma disciplina acadêmica distante, mas um campo vibrante e dinâmico que molda nossas vidas cotidianas em suas múltiplas facetas. Desde a lâmpada que ilumina nosso espaço até as expedições que desvendam os segredos do espaço sideral, a Física continua a ser uma força propulsora em nossa busca incessante por conhecimento e progresso. Ao longo deste livro, esperamos instigar um despertar para a beleza e a complexidade da Física, revelando não somente suas teorias, mas também o impacto que elas têm na formação do futuro que nos aguarda.

A Física, em sua essência, é mais do que uma disciplina acadêmica; é uma chave que nos permite abrir portas para uma compreensão mais ampla do mundo ao nosso redor. À medida que nos aprofundamos nos muitos fenômenos que governam nosso cotidiano, começamos a perceber que a Física organiza um conjunto de interações que afetam diretamente a vida de todos nós. Uma das maneiras mais impactantes pelas quais isso acontece é através da nossa adaptação aos elementos que não controlamos, como o clima e fenômenos naturais, de forma a transformá-los em melhorias para nossas vidas.

Um dos maiores desafios que a sociedade enfrenta atualmente é a crise climática. Como a Física pode nos ajudar neste contexto? Através da modelagem de sistemas climáticos e do entendimento de como a energia se movimenta através da atmosfera. Essas modelagens permitem que cientistas façam previsões e nos ajudem a entender o que precisamos mudar em nossas vidas para sermos mais sustentáveis. Você já se perguntou como as tempestades são formadas ou porque os oceanos estão esquentando? Cada um desses eventos naturais tem raízes firmes em princípios físicos, e dominá-los é essencial para criarmos soluções que enfrentem esses desafios.

Além disso, eventos extremos como terremotos e inundações nos edificam uma parceria firme com a Física. Quando entendemos a estrutura interna da Terra, podemos desenvolver engenharias mais inteligentes que não apenas suportem a força das forças naturais, mas que também ajudem a preservar vidas e propriedades. Os princípios da mecânica, da elasticidade e da dinâmica são a nossa defesa contra desastres naturais. E é através da educação sobre esses temas que criamos cidadãos mais conscientes e capacitados para lidar com os riscos associados à natureza.

Na intersecção entre natureza e direitos humanos, temos a Física da energia, que se torna um tema sensível à exploração de recursos naturais. Discutir energia é falar de Física aplicada, onde energias limpas, como solar e eólica, revelam possibilidades de mudar nosso consumo e fomentar uma relação mais íntima e respeitosa com o meio ambiente. A ravina da produção de resíduos e o dilema do aquecimento global nos lembram que o impacto de nosso estilo de vida é inversamente proporcional ao conhecimento que temos de nossas práticas energéticas.

Esses exemplos mostram que por trás de cada grande questão, há um emaranhado de explicações e soluções físicas que podem ser implementadas para reduzir nossa pegada ecológica. A Física, portanto, não é apenas uma parte do currículo escolar, mas uma reflexão sobre nossas práticas e interações com o mundo.

Ao passar pelas páginas seguintes deste livro, cada conceito abordado aqui tem a intenção de não apenas ensinar, mas de fomentar um pensamento crítico sobre o nosso papel na sociedade e no mundo. Que ao explorar o maravilhoso universo da Física, você possa sentir a responsabilidade e o compromisso de transformar conhecimentos em ações significativas que ajudem a moldar um futuro melhor. Esta é a essência por trás do aprendizado da Física: a capacidade de trazer mudanças e esclarecimentos para questões que, muitas vezes, parecem difíceis de abordar.

À medida que avançamos na jornada do aprendizado da Física, é fundamental que cultivemos a ideia de que a educação deve ser uma experiência envolvente e inspiradora. Revolucionar o espaço acadêmico, fazendo com que os alunos sintam que a Física não é apenas uma série de fórmulas ou teorias abstraídas da realidade, mas uma ferramenta poderosa que pode ser aplicada em contextos práticos do cotidiano, é o foco aqui.

Explorar a Física através de métodos interativos e experimentais pode ser a chave para instigar a curiosidade dos alunos. Projetos que envolvem a construção de maquetes de fenômenos físicos ou a realização de desafios como criar um foguete de garrafa podem transformar um conceito complexo em uma experiência palpável. Esses métodos não apenas proporcionam um entendimento profundo, como também promovem um amor pela ciência, pois a exploração e a experimentação geram um sentimento de realização que é difícil de igualar.

Os educadores desempenham um papel vital nesse processo. Eles não são meros transmissores de conhecimento, mas facilitadores de um ambiente onde a curiosidade possa florescer. É essencial que, ao montarem suas aulas, pensem em como os tópicos abordados podem se relacionar com o mundo real dos alunos, atraindo suas atenções de maneira que vejam relevância no que aprendem. A fusão entre teoria e prática deve estar presente em cada passo do aprendizado.

Além de práticas pedagógicas inovadoras, é vital conhecer as diferentes formas de aprendizado que existem entre os alunos. Cada um traz consigo um conjunto único de experiências e perspectivas, que podem ser aproveitadas pelo educador. A inclusão dessas variáveis contribui para um ambiente de aprendizado mais dinâmico e eficaz. O aluno não deve ser um espectador, mas um participante ativo em sua educação, questionando, discutindo e, principalmente, experimentando.

As ferramentas tecnológicas também se apresentam como aliadas nesse contexto. Usar simulações e softwares educativos que ilustram conceitos físicos oferece aos alunos uma espiada em cenários que não podem visualizar na vida cotidiana. Isso não apenas amplia a compreensão, mas instiga a imaginação e a criatividade, permitindo que jovens mentes vejam a beleza dos fenômenos naturais de novos ângulos.

Mais uma vez, é importante reiterar que a Física é uma ciência viva. Quando bem apresentada, pode despertar um senso de maravilha em relação ao universo. Um professor que demonstra essa paixão contagia seus alunos. Ao falarmos sobre o movimento de um planeta ou a forma como a luz se comporta ao atravessar um prisma, por exemplo, devemos deixá-los sentir a dimensão desses fenômenos. Cada pequeno experimento ou demonstração pode acender uma faísca de curiosidade, que, se bem alimentada, poderá se transformar em um incêndio que ilumina o caminho da ciência.

À medida que nos aproximamos do final deste capítulo, é uma oportunidade perfeita para refletir sobre o essencial que cada educador pode fazer: encorajar seus alunos a serem pensadores críticos e criativos. Para tanto, uma educação que valorize a experimentação, a investigação e a busca pelo saber não deve ser uma exceção, mas a regra. Que possamos todos sair dessa jornada com a determinação de criar um novo patamar para o ensino da Física, onde o maravilhoso e o surpreendente façam parte da construção do conhecimento.

Estamos apenas começando a desvendar o potencial que a Física tem para oferecer. Cada página que se segue servirá como um convite à exploração e à descoberta constantemente, não apenas para os alunos, mas também para professores e educadores. É o toque do desconhecido que, ao ser revelado, pode mudar vidas. E é com essa esperança que seguimos em frente.

Capítulo 2: A Abordagem Didática no Ensino de Física

À medida que nos aprofundamos no universo do ensino, é imperativo reconhecer que a didática na Física exerce um papel crucial na formação de mentes curiosas e questionadoras. A abordagem que adotamos ao ensinar não apenas influencia o entendimento da matéria, mas pode impactar profundamente a percepção dos alunos sobre a Física como um todo. E quando falamos em didática, não estamos nos restringindo a uma simples transmissão de informações. Ao contrário, pretendemos cultivar um espaço onde a curiosidade e a exploração se tornam os verdadeiros guias da aprendizagem.

Fizemos muitas tentativas de instrumentalizar o ensino, mas uma mudança de paradigma é o que realmente precisamos. Não é apenas sobre ensinar fórmulas ou conceitos; este é um convite para que os alunos vejam a Física como uma ferramenta essencial para compreender o mundo ao seu redor. Questões como "Como funciona isso?" ou "Por que acontece assim?" precisam permear as aulas. Na realidade, a Física não é uma coleção de teorias desconectadas, mas um entrelaçar contínuo de fenômenos naturais, experiências e impactos que ajudam a moldar nosso cotidiano.

As metodologias de ensino sempre desempenharam um papel importante, e quando contrastamos o método tradicional com abordagens mais inovadoras, uma verdade se destaca: o ensino tradicional, que muitas vezes se limita a um formato de aula expositiva com fórmulas decoradas, frequentemente resulta em desinteresse. Isso não deve ser nossa meta; com isso, não capturamos a riqueza da Física nem o potencial que ela tem de inspirar. Portanto, adotar metodologias ativas, como a aprendizagem baseada em projetos, onde os alunos são inseridos em situações reais e desafiadoras, deve ser nossa prioridade.

Um exemplo prático pode ser encontrado na sala de aula invertida, onde os alunos se preparam com antecedência por meio de vídeos ou materiais didáticos e aproveitam o tempo em conjunto para discutir e aplicar o conhecimento. Essa interação não apenas promove o engajamento, mas também desafia os alunos a se tornarem protagonistas da própria aprendizagem, desenvolvendo suas habilidades críticas e criativas.

Para ilustrar as potencialidades de uma abordagem mais pragmática, imagine uma aula sobre a força gravitacional. Em vez de descrever mecanicamente a fórmula, poderíamos organizar um experimento simples em que os alunos soltam diferentes objetos de alturas variadas. A observação da queda, a discussão sobre os resultados e como a gravidade impacta suas vidas diárias são formas de instigar o conhecimento de maneira viva e vibrante.

Experimentos em sala de aula não precisam ser grandiosos ou caros. Um balde com água, algumas bolas de diferentes materiais e formas são suficientes para explorar conceitos de densidade e flutuabilidade. Os alunos podem observar e prever se os objetos irão flutuar ou afundar e, ao fazer isso, estarão visualizando e vivenciando princípios que são fundamentais na Física.

Na era tecnológica em que vivemos, a presença de recursos digitais e interação também não pode ser subestimada. As simulações alcançaram um espaço significativo no aprendizado moderno. Ferramentas digitais podem permitir que os alunos explorem fenômenos que, de outra forma, seriam inacessíveis. Por exemplo, simulações que representam o movimento de planetas ou ondas sonoras oferecem uma maneira envolvente e interativa de entender conceitos complexos.

Além disso, as redes sociais desempenham um papel interessante que devemos explorar. Aprender a compartilhar experiências práticas e resultados através dessas plataformas pode criar uma cultura de aprendizado colaborativo. Os alunos têm a oportunidade de se comunicar e trocar ideias, encorajando uma visão mais ampla e inclusiva sobre a ciência.

Por fim, é imprescindível que o educador esteja sempre em constante evolução. A capacidade de adaptar o currículo e as metodologias ao longo do tempo, considerando o feedback dos alunos, será fundamental para que a aprendizagem seja sempre uma experiência enriquecedora. Um professor deve buscar formação contínua, participar de grupos de estudos e colaborar com colegas para compartilhar boas práticas.

Com cada exemplo e cada técnica apresentada, o que buscamos, acima de tudo, é que os alunos encontrem um espaço onde se sintam encorajados a perguntar, testar e, principalmente, compreender que a Física é uma parte vital de suas vidas. À medida que avançamos para os próximos capítulos, que nós, como educadores, também possamos nos permitir descobrir as infinitas possibilidade que a

Física pode oferecer, tanto para nossos alunos quanto para nós mesmos.

É na abordagem didática que encontramos a essência do ensino de Física. O papel do educador transcende a mera adoção de métodos de ensino; ele é um mediador, um catalisador de experiências que visam não apenas a compreensão, mas a vivência da ciência. A primeira ação necessária é reconhecer que o aprendizado é um processo ativo, e para isso, é essencial instigar o interesse dos alunos. Ao criar ambientes de aprendizado que despertem a curiosidade, estamos cultivando mentes que não apenas aceitão informações passivamente, mas que questionam, exploram e, acima de tudo, se apaixonam pela Física.

Abandonar a tradicional sala de aula onde o professor fala e o aluno escuta é um passo vital. Em vez disso, a sala deve se transformar em um laboratório de ideias, um espaço onde todos são incentivados a contribuir, discutir e desafiar uns aos outros. Ao permitir que os alunos experimentem, errar e aprender com seus erros, fomentamos uma educação mais rica e significativa. Cada atividade prática, cada experiência pensada para emular situações do mundo real irá não só transmitir conteúdos, mas também incutir um espírito investigativo que é a marca registrada de um verdadeiro cientista.

E onde se encaixam as tecnologias nesse novo modelo? Com a proliferação de recursos digitais, as paredes da sala de aula não são mais limitações. Os estudantes podem acessar simulações virtualmente, manipulando variáveis e observando resultados instantaneamente. Isso encerra uma nova era: uma interação dinâmica com o conhecimento, onde a Física não é apenas teórica, mas visceralmente real. Por meio de plataformas online, podemos também desenvolver o aprendizado colaborativo, permitindo que alunos de diferentes regiões compartilhem suas descobertas, ampliando o repertório coletivo.

O desafio que se impõe ao educador é você, em meio a essa multiplicidade de métodos e recursos, encontrar a abordagem que melhor se adequa ao seu grupo de alunos. Não existe uma fórmula mágica; o que funciona em uma turma pode não ser eficaz em outra. O verdadeiro ensino é flexível e adaptável, e essa é uma habilidade que todo educador deve aprimorar. A prática contínua e a experimentação em diversas metodologias são chave para desenvolver um estilo de ensino que não só atenda às necessidades do conteúdo, mas que também ressoe com as experiências dos alunos.

Quando falamos sobre o perfil do professor, é essencial lembrar que ele deve ser mais do que um expert em Física; ele deve ser um mentor inspirador. O professor precisa encorajar seus alunos a se tornarem pensadores críticos, a apreciarem a beleza que a Física traz ao mundo. Um educador eficaz não apenas transmite informações, mas é, acima de tudo, um guia que com entusiasmo leva seus alunos pela jornada do conhecimento.

Portanto, a maneira como abordamos o ensino da Física deve ser transformadora. Cada aula deve ser vista como uma oportunidade de criar aqueles momentos de Eureka, quando tudo se encaixa e os alunos realmente compreendem algo pela primeira vez. Através dessa eternidade de busca e descoberta, fica claro que a Física não se limita a ser uma disciplina; ela é a chave para um mundo repleto de possibilidades e conhecimento que nos rodeia. E que, ao final, possamos todos nos reconectar com o sentido do aprendizado, não um esforço mecânico, mas uma história vibrante e enriquecedora que desejamos contar e ouvir repetidas vezes.

Enquanto seguimos nesta caminhada de entendimento sobre a didática no ensino de Física, é imperativo reconhecer que um dos elementos mais significativos que podemos incluir em nossa prática pedagógica é a vivência de experiências que ressoam com as realidades do cotidiano dos alunos. Vamos nos aprofundar em conversas diferenciadas que estimulam o pensamento crítico e o tornam mais participativo. É na diversidade de métodos que começamos a ver os reais frutos do aprendizado.

Um exemplo claro é a introdução de atividades colaborativas em sala de aula. Ao invés de se limitar a projetos individuais, grupos de trabalho podem desenvolver experiências de aprendizado em equipe. Poderíamos, por exemplo, organizar uma competição entre grupos para criar um dispositivo simples que utilize princípios de Física, como a lei da conservação de energia. Os alunos não apenas teriam que aplicar os conceitos que aprenderam, mas também colaborariam, discutiriam estratégias e, principalmente, veriam a Física como algo dinâmico e interativo.

A troca de ideias em sala de aula é outra prática que pode abrir novos horizontes. Debate sobre temas atuais relacionados à Física — como as mudanças climáticas e seu impacto sobre o planeta — incentiva a busca por informações e fontes que ampliem o horizonte do conhecimento individual, e assegura que os alunos se sintam parte do mundo em que vivem. Percebendo que aquilo que aprendem tem relevância direta em suas vidas, a Física começa a deixar de ser algo abstrato e distante.

Não podemos esquecer o papel da experimentação. A ciência não é apenas feita em laboratórios. Uma simples ida ao parque pode se tornar uma aula prática para examinar forças e movimentos. Ao empurrar um balanço, por exemplo, os alunos podem retomar conceitos de energia cinética e potencial, testando suas hipóteses sobre como a altura inicial influencia a altura máxima que o balanço atinge. Cada passo dessa experiência é uma conexão vital entre teoria e prática.

Agora, vamos considerar a inclusão da pesquisa e do uso de tecnologia nas aulas de Física. Os alunos podem ser incentivados a pesquisar projetos de Física, como aqueles empregados por cientistas em novas tecnologias. Surpreendê-los com inovações como impressoras 3D ou carros movidos a energia solar, e discutir os conceitos físicos envolvidos nessas tecnologias pode transformar a sala de aula num verdadeiro laboratório de ideias. E se eles forem desafiados a projetar uma maquete de uma casa sustentável, aplicando o conhecimento adquirido sobre eficiência energética? Isso não seria uma maneira extraordinária de conectar a Física à vida real?

Com o sábio uso das tecnologias emergentes, simuladores oferecem oportunidades empolgantes. Softwares que permitem a modelagem de experimentos e a visualização de fenômenos completem a experiência de aprendizado. Ao, por exemplo, simular um lançamento de foguete virtualmente, os alunos poderiam manipular variáveis como ângulo e força de propulsão, tomando decisões com base em medições e observações.

Os educadores devem levar em consideração o ambiente de aprendizagem. Ele deve ser acolhedor e inspirador, para que os alunos sintam-se à vontade em expor suas ideias, dúvidas e, claro, seus erros. A sala de aula deve ser um espaço onde a curiosidade prevalece, um lugar onde as perguntas são tão valiosas quanto as respostas. O professor, nesse contexto, deve atuar como um facilitador, guiando discussões enriquecedoras e ajudando os alunos a formularem suas próprias perguntas.

Concluindo este trecho, acredito que ao capacitarmos os alunos com tanto conteúdo teórico quanto experiência prática, estaremos criando uma ponte sólida sobre a qual eles poderão caminhar — não apenas para aprender Física, mas também para abraçar a curiosidade científica e a busca ininterrupta pelo conhecimento. Ao empoderar nossos estudantes através da experimentação, interação e pesquisa, estamos realmente preparando um futuro em que a Física não é apenas uma cadeira de aula, mas uma parte integrante de suas vidas.

A importância da tecnologia no ensino de Física se revela como uma ponte vital que conecta o mundo real às teorias abstratas. Ao explorarmos a diversidade de ferramentas disponíveis atualmente, percebemos que é possível transformar a sala de aula em um laboratório interativo cheio de novas experiências. Não se trata apenas de utilizar dispositivos e softwares, mas de entender como estas tecnologias podem enriquecer a jornada de aprendizado dos alunos e despertar significativas descobertas.

As simulações, por exemplo, oferecem um campo de possibilidades quase infinitas. Imagine um grupo de alunos, fascinados, manipulando variáveis de um sistema mecânico ou observando os efeitos de diferentes condições em um experimento virtual. A interação imediata permite um feedback instantâneo que, muitas vezes, não é possível em experimentos físicos, consolidando o entendimento através da prática. Em simulações de ondas sonoras ou de movimentos planetários, os alunos se tornam protagonistas, capazes de visualizar conceitos que, antes, poderiam parecer distantes ou desconexos de suas realidades.

Além disso, a inclusão de tecnologias digitais não se resume a simulações. Plataformas educacionais oferecem ambientes colaborativos onde alunos podem conectar-se, discutir ideias e resolver problemas em conjunto. Imagine uma sala de aula em que os alunos, utilizando seus dispositivos, pesquisam informações, compartilham conteúdos e colaboram em projetos. Essa troca não apenas enriquece o aprendizado, mas cria um senso de comunidade e pertencimento que é fundamental para o desenvolvimento pessoal e acadêmico.

As redes sociais também possuem um papel interessante neste cenário. Elas podem funcionar como aliadas do aprendizado, permitindo que os educadores compartilhem recursos, experimentos e dicas que trazem um sabor especial ao ensino da Física. Ao encorajar os alunos a postarem suas descobertas, questionamentos ou resultados de experiências, fomentamos um ambiente vibrante, onde a curiosidade é sempre estimulada.

Entretanto, a preocupação com o uso consciente dessas tecnologias é essencial. A imersão em dispositivos digitais requer uma gestão inteligente para evitar que os alunos se distraiam. Estimular uma utilização equilibrada, onde a tecnologia funcione como um suporte para a aprendizagem e não como um obstáculo, é uma das chaves fundamentais que educadores devem considerar. Por isso, ao integrar a tecnologia no ensino, o importante é encontrar um equilíbrio entre o uso das ferramentas e o desenvolvimento do pensamento crítico e da autonomia dos alunos.

Por fim, quando abordamos o futuro da educação em Física, é imprescindível que permaneçamos abertos às inovações. Cada nova ferramenta tecnológica que surgirem será uma oportunidade para enriquecer as aulas, para motivar os alunos a se engajar com os conteúdos e para ampliar as repercussões do aprendizado. Ao abraçar essas ferramentas e adaptá-las aos contextos escolares, estaremos não só ensinando Física, mas também preparando as novas gerações para um mundo de constantes mudanças e descobertas.

Continuando com essa ideia, a busca por novos métodos de aprendizado, sempre atenta às demandas do mundo contemporâneo, deve ser um esforço coletivo entre professores e alunos. Ao final, o que realmente importa é que a Física, com toda sua essência, continue a inspirar e guiar nossos próximos passos em um horizonte promissor de conhecimento e pesquisa. Essa é a jornada que propomos.

Capítulo 3: O Perfil do Professor de Física

O educador inspirador é aquele que não apenas transfere conhecimento, mas acende uma chama de curiosidade e paixão nos corações de seus alunos. Para que um professor de Física se destaque em sua função, é fundamental que exiba características que vão além do domínio da disciplina. A paixão pela ciência, a capacidade de motivar and instigar discussões críticas, e o desejo genuíno de ver seus alunos prosperarem são elementos centrais na construção desse perfil ideal.

Imagine uma sala de aula onde o professor não é apenas um transmissor de conteúdos, mas um verdadeiro mentor. Um professor que percebe que cada aluno é um universo único, repleto de sonhos e perspectivas. Esse educador reconhece que a Física não é apenas um conjunto de fórmulas, mas uma lente para entender o mundo — do medidor de temperatura nas mãos de um cientista, à trajetória de uma bola de futebol em um jogo emocionante. Ao cultivar essa percepção, ele se torna um elo de ligação entre o universo teorético e a experiência vivida dos estudantes.

As histórias inspiradoras de educadores que tocaram e mudaram vidas ilustram o impacto contundente que esse papel pode ter. Um exemplo marcante é o de um professor que transformou uma turma desmotivada em um time vibrante de exploradores científicos. Em vez de aulas tradicionais, ele introduziu projetos que desafiavam os alunos a investigar fenômenos físicos em suas comunidades, revelando o que a Física tinha a oferecer não apenas como teoria, mas como um meio de transformação.

Com o tempo, esses alunos, que antes mal conseguiam focar em conceitos complexos, começaram a ver a Física em tudo ao seu redor — emergindo como críticos, questionadores e criativos. Foi nesse novo ambiente que aprenderam a aplicar suas habilidades de raciocínio lógico para resolver problemas reais, fazendo com que cada teoria fosse sentida e vivida. Portanto, o que realmente faz a diferença é essa capacidade do professor de inspirar, motivar e iluminar o caminho para seus alunos.

Além dessa capacidade de inspiração, o perfil do professor de Física deve incluir competências e habilidades essenciais. O educador contemporâneo precisa munir-se de ferramentas de comunicação eficazes, desenvolvendo a empatia para atender às necessidades diversas da sala de aula. O conhecimento técnico é fundamental, mas não é suficiente. É necessário adaptar a abordagem de ensino, ajustando-se às diferentes realidades dos alunos, e apostando em um desenvolvimento contínuo que eleve suas próprias capacidades.

Professores que constantemente buscam formação, que participam de cursos e debates sobre educação, não apenas ampliam seu próprio conhecimento, mas também se tornam exemplos de aprendizado ao longo da vida para seus alunos. O caminho da educação é repleto de evolução e mudanças; um educador relevante deve estar sempre atento e disposto a se reinventar, refletindo sobre sua prática docente e escutando o feedback dos alunos.

Por fim, ao mapear o impacto que um professor pode ter, devemos considerar como a presença de um educador envolvente pode transformar profundamente o processo de aprendizagem. A pesquisa mostra que a qualidade do ensino está intrinsicamente ligada ao desempenho dos alunos. Aqueles que tiveram a sorte de ter educadores inspiradores e apaixonados por ensinar frequentemente se tornam eles também reforços positivos em sua própria jornada — multiplicando o legado de influência que receberam.

Ao final deste capítulo, espero que possamos refletir sobre o verdadeiro papel transformador que o professor de Física exerce na vida de seus alunos, construindo não apenas conhecimento, mas também relações significativas que perduraram além dos muros da sala de aula. Que possamos todos nos inspirar a sermos mentores e guias em nossas respectivas jornadas educacionais, ministrando o aprendizado como uma experiência vibrante e inesquecível.

O educador inspirador é aquele que não apenas detém o conhecimento, mas também a habilidade de conectá-lo de forma empática e envolvente ao cotidiano de seus alunos. A paixão pelo que se ensina é o combustível que acende a chama do aprendizado. Um professor de Física deve incorporar essa paixão à sua prática, transformando a sala de aula em um espaço onde a curiosidade se torna uma constante.

Ao olharmos para educadores que realmente deixaram marca, encontramos exemplos de professores que rompem barreiras. Eles não se contentam em apresentar fórmulas ou teorias; ao contrário, procuramos sempre contextualizar o aprendizado com experiências vivas. Um exemplo é a história de um professor que, ao notarem que o desinteresse por parte dos alunos era crescente, decidiu realizar um experimento ao ar livre. Ele organizou uma observação noturna para estudar constelações e, dessa maneira, não apenas ensinou sobre física, mas também despertou uma paixão pela astronomia e pela exploração do desconhecido.

É nesse contato vivo com a matéria que o educador se torna um verdadeiro mentor. Capacitar os alunos não deve ser visto apenas como um ato de transmissão de conhecimento, mas como um convite para a exploração, onde cada dúvida é um ponto de partida para novas descobertas. Um professor que consegue entender as individualidades de cada aluno, explorando suas motivações e fraquezas, é capaz de instilá-los a ir além, a não se limitarem ao tradicional.

Mas o que faz um educador ser realmente eficaz? Um conjunto robusto de competências e habilidades. Além do domínio profundo da Física, o professor deve possuir uma excelente capacidade de comunicação. É vital que a forma como transmite ideias seja clara e acessível, instigando o diálogo em vez de simplesmente despejar informações. Professores que desenvolvem empatia conseguem ajustar seu método às necessidades dos alunos, criando um ambiente onde todos possam se sentir acolhidos e valorizados.

Em um mundo em constante mudança, o desenvolvimento contínuo se torna essencial. Um educador não pode parar no tempo; a busca por conhecimentos novos — seja através de cursos, workshops ou troca de experiências com colegas — deve ser parte da rotina profissional. Essa atualização não apenas enriquece seu repertório, mas também serve como exemplo de aprendizado durante toda a vida para os alunos.

Portanto, o papel do professor de Física deve ser claro: mais do que um instrutor, deve ser um guia. Seu impacto na vida dos alunos é incalculável; um bom professor pode transformar não apenas a forma de pensar, mas também a trajetória de sonhos e realizações desses jovens. Ao final do dia, o desafio não é apenas ensinar Física, mas criar a nova geração de pensadores curiosos e críticos que encontrará na ciência o alicerce para descobrir mais sobre si mesmo e o mundo que os rodeia.

Perceber que o seu papel vai além da sala de aula e do currículo acadêmico é vital. Como educadores, devemos estar sempre em busca de formas que possam elevar o entendimento da Física a níveis que, muitas vezes, ainda não conseguimos visualizar, e, com isso, inspirar um amor duradouro pela ciência.

É essencial compreender que a educação continuada é um pilar fundamental na vida de um professor de Física. Em um mundo em constante evolução, onde o conhecimento se expande com uma rapidez impressionante, os educadores devem buscar incessantemente novos aprendizados e atualizações. A formação contínua não é apenas um ato de responsabilidade profissional, mas um compromisso com a qualidade do ensino que oferecemos aos nossos alunos.

Assim, este segmento destaca oportunidades vastas e ricas para o aperfeiçoamento do professor. Cursos, workshops e congressos são apenas algumas das formas de se manter atualizado. Além disso, a troca de experiências com colegas de profissão oferece um espaço inestimável para reflexões e aprendizado mútuo. Com a união e a colaboração entre educadores, é possível criar um ambiente onde as melhores práticas são compartilhadas e ampliadas.

Imagine um encontro de professores de Física de diversas escolas, reunidos para debater métodos de ensino. Nesse espaço, cada profissional traz à mesa suas experiências, desafios e conquistas. A conversa flui, cada um contribuindo com suas abordagens e ideias inovadoras. É nesse contexto que ideias que antes pareciam distantes podem se transformar em novas práticas que impactarão diretamente a sala de aula. Essa troca não apenas enriquecerá o conhecimento de cada um, mas também elevará o padrão do ensino como um todo.

A valorização do aprendizado coletivo e contínuo cria uma essência de comunidade educativa. Professores que se incentivam mutuamente a iniciar novos projetos, a experimentar novas metodologias, não apenas se transformam em melhores educadores, mas também se tornam protagonistas de uma revolução lenta, mas potente na educação.

Quando um professor participa de formações, leva consigo não somente novos conhecimentos, mas uma nova perspectiva, uma nova energia e uma renovada paixão pela Física.

Mas o que mais precisamos lembrar é que essa formação não deve ser vista como uma exigência estanque, mas sim como um caminho de crescimento pessoal e profissional. Cada pequena mudança que um educador faz em sua prática representa uma oportunidade de impactar a vida de seus alunos de forma positiva. Um professor que abraça a educação continuada se torna um vetor de transformação, evidenciando que o aprendizado é, acima de tudo, uma jornada sem fim.

Por fim, é fundamental perceber que, ao investir em sua própria formação, os educadores estão, na verdade, investindo no futuro de seus alunos. Um professor inspirado e constantemente aprendizagem ativa é uma peça vital no quebra-cabeça do aprendizado. Portanto, que possamos todos nos comprometer a expandir nossas mentes e abraçar essa jornada enriquecedora, com a certeza de que, a cada nova formação, é um novo conhecimento que cultivaremos — e isso, sem dúvida, se refletirá na paixão e compreensão que nossos alunos terão pela Física ao longo de suas vidas.

A presença de um professor envolvente na vida dos alunos pode ser a virada de chave necessária para transformar o aprendizado em uma experiência rica e significativa. Estudos têm mostrado que a qualidade do professor é um dos fatores mais determinantes para o sucesso acadêmico dos alunos. No ensino da Física, onde os conceitos podem parecer enigmáticos e distantes, a relação entre docente e discente precisa ser empática e estimulante. Um professor que comunica sua paixão pela Física não só facilita a absorção de conteúdos complexos, mas também desperta a curiosidade e a vontade de aprender nos alunos.

Vamos explorar histórias inspiradoras de como educadores influenciaram positivamente a trajetória de vida de seus alunos. Por exemplo, pense em uma professora que, ao perceber que muitos de seus alunos tinham dificuldades com o tema da gravitação, decidiu realizar um projeto em que os alunos se tornariam "físicos por um dia". Criando uma maquete do sistema solar no pátio da escola e utilizando objetos do dia a dia para representar os planetas, ela não só introduziu os conceitos teóricos com criatividade, mas também fez com que cada aluno experimentasse e vivenciasse a gravidade em ação.

As interações que se desdobraram durante o projeto mostraram como a Física se conecta com o mundo real; os alunos deixaram de ver a disciplina como um bicho-papão e puderam observar sua presença no cotidiano. A capacidade de um educador de transformar ideias complexas em experiências tangíveis é essencial para moldar a percepção dos alunos e seus desempenhos futuros.

Outra história vem à mente, de um professor de Física que, ao receber uma turma que mostrava resistência à disciplina, decidiu adotar uma abordagem diferente. Ele começou a incorporar elementos de cultura pop e tecnologia nas aulas — usando drones, por exemplo, para demonstrar leis de movimento. Essa imersão em experiências práticas e próximas do cotidiano não só redefiniu a relação dos alunos com a Física, como também aumentou o interesse e o envolvimento nas aulas. Os resultados foram notáveis: ao longo do semestre, seus alunos não apenas melhoraram nas provas, mas desenvolveram um amor duradouro pela ciência.

Esses exemplos revelam a importância da abordagem docente em relação ao aprendizado. Os professores, enquanto guias, têm o poder de modelar comportamentos, encorajar questionamentos e cultivar um ambiente onde a dúvida é um bem bem-vindo. Portanto, ao mapeamos a trajetória de aprendizagem dos alunos, torna-se fundamental reconhecer que a singularidade de cada professor pode mudar tudo. A paixão pela Física e o desejo de criar pontes entre a teoria e a prática são o que realmente leva ao sucesso na educação. E isso, em última análise, se reflete no legado que os educadores deixam em suas comunidades e no mundo da ciência como um todo.

Capítulo 4: Superando os Estigmas e Desafios do Ensino de Física

Compreendendo os Estigmas Associados à Física

O ensino da Física é frequentemente envolto em uma aura de complexidade e dificuldade. Para muitos alunos, a mera menção da matéria prende-se a um estigma que a rotula como árida e desinteressante. E, conforme vamos adentrando nas nuances dessa jornada, é essencial entender como essa percepção é forjada e como impacta a experiência de aprendizagem.

Os dados e pesquisas mostram de forma contundente que grande parte dos estudantes vêem a Física como um desafio intransponível. É como uma barreira invisível que, ao invés de estimulá-los à curiosidade, os faz recuar com a ideia de que seriam incapazes de entender os conceitos que permeiam a matéria. Essa crença se torna um ciclo vicioso: quanto mais se afasta do conhecimento, mais se reforça a ideia de que a Física é algo que não pode ser dominado.

Por trás desse estigma, encontramos histórias de alunos que, influenciados por experiências prévias em sala de aula, acabaram por se afastar da ciência. Lembramo-nos de casos em que estudantes, ao se depararem com aulas desmotivadoras ou professores que não conseguiam conectar o conteúdo ao dia a dia, perdiam de vista a relevância da Física. A ciência se tornava, assim, uma abstração, distante de suas realidades, e muitas vezes, esse afastamento gera sentimentos de insegurança e inferioridade.

Vamos imaginar aquela sala de aula onde as expressões faciais de desinteresse e frustração dominam a cena. Existe um estudante cujo olhar evoca o desejo de entender, mas a palavra "Física" assombra sua curiosidade. As vozes do passado, de colegas que zombavam da matéria ou de experiências de avaliações frustrantes, ecoam na mente, barrando sua possibilidade de crescimento. É nesse microcosmo que se revela a batalha silenciosa contra os estigmas da Física.

Essas narrativas comprovam que o estigma associado à Física não possui um único rosto. Ele se manifesta de diferentes maneiras, desde alunos que crêem que nunca poderão compreendê-la, até aqueles que hesitam até em questionar o que não entendem, temendo parecer ignorantes. Todo esse cenário revela a profundidade dos obstáculos enfrentados e a urgência de desmistificá-los. Portanto, a compreensão desses estigmas é o primeiro passo para transformá-los em oportunidades de aprendizado e sucesso.

Agora que lançamos luz sobre as dificuldades que permeiam o ensino de Física, cabe a nós buscar formas de superar essas barreiras. Como educadores, seria nosso objetivo não apenas ensinar, mas também inspirar e motivar. É preciso criar um ambiente onde a Física não seja vista como um bicho-papão, mas sim como uma porta aberta para o entendimento mais profundo do mundo ao nosso redor. Lembremos sempre: os desafios são degraus a serem superados, e a fisicalidade da ciência pode ser celebrada e vivida.

    O caminho à frente é repleto de possibilidades. E através das histórias de superação, inovação e novas abordagens pedagógicas, podemos inspirar não apenas a próxima geração de físicos, mas também transformar a real percepção sobre a disciplina. O percurso à frente pode conter desafios, mas, com um olhar atento e uma atitude renovada, podemos, todos juntos, derrubar os muros criados pelo estigma.

    Histórias de superação muitas vezes se entrelaçam com experiências vividas que repletas de desafios, onde o professor de Física assume um papel transformador. Um exemplo disso é o relato de um educador que, ao perceber a apatia de seus alunos em relação à Matemática e Física, decidiu mudar sua abordagem. Em vez de seguir com aulas expositivas convencionais, ele começou a implementar experimentos práticos que traziam a Física para o cotidiano dos estudantes.

Certa vez, ele organizou um projeto onde alunos poderiam construir pequenas catapultas. Com materiais simples, como garrafas de plástico e elásticos, os estudantes se tornavam cientistas, fazendo cálculos sobre ângulos e força. Os risos e a animação eram palpáveis, e a cada lançamento, uma nova descoberta era feita. Os alunos não apenas aprendiam os princípios da física por trás dos movimentos, mas se viam como parte ativa do processo de aprendizado.

Essa abordagem levou à transformação da sala de aula. O professor notou que, à medida que os alunos se divertiam, sua compreensão das teorias se aprofundava. O medo da Física começou a se dissipar, dando lugar à curiosidade e ao entusiasmo. Um estudante, antes tímido, começou a se destacar em discussões, fazendo perguntas inteligentes que desafiavam seus colegas e até mesmo o professor. Essa mudança não ocorreu simplesmente porque as aulas eram mais interessantes; foi porque os alunos descobriram que eram capazes de entender e aplicar conceitos que antes pareciam distantes.

Histórias como a desse professor nos mostram que o ensino de Física pode se desdobrar em um campo fértil para o desenvolvimento da curiosidade e da criatividade dos alunos. Outro exemplo marcante é o projeto de um professor que utilizou a tecnologia das simulações de movimento. Ao empregar softwares que permitem visualizar a trajetória de objetos em movimento, os alunos não apenas se impressionavam com os resultados; eles se viam como criadores, manipulando variáveis e observando mudanças em tempo real.

    Essas inovações educativas estão profundamente ligadas ao papel do educador de inspirar e motivar seus alunos. Profissionais da área têm a oportunidade de fazer conexões entre a Física e temas cotidianos, desde desastres naturais até tecnologias emergentes. O desafio é constante, mas a recompensas de ver os alunos superando seus medos e encontrando prazer no aprendizado são incomensuráveis.

    Sendo assim, é vital que, ao contarmos essas histórias de superação, façamos um convite ao envolvimento e à colaboração. Uma sala de aula não é apenas um lugar de ensino, mas um espaço de descobertas coletivas. Ao quebrar os estigmas relacionados a essa disciplina, educadores podem não apenas transformar o modo como a Física é percebida, mas também contribuir para a formação de uma geração mais crítica, curiosa e apaixonada pela ciência que molda nosso mundo.

    Criar um ambiente de aprendizado acolhedor e acessível é fundamental para desmistificar a Física e torná-la uma disciplina cativante. Para isso, aqui estão algumas estratégias práticas que educadores podem adotar.

Primeiramente, é vital entender que a diversidade de métodos de ensino pode fazer uma grande diferença. Às vezes, o que se torna uma barreira é a rigidez da abordagem tradicional. Por isso, ao invés de apenas transmitir conceitos teóricos, o professor deve envolver os alunos em atividades brasileiras que permitam que a Física se mostre em ação. Imagine, por exemplo, realizar experimentos simples usando materiais do dia a dia, como garrafas pet e elásticos, para explicar a ideia de força e movimento. Ao observar os resultados, os alunos viram participantes ativos na construção de seu aprendizado.

Ademais, utilizar a tecnologia também é uma ferramenta crescente e poderosa. A introdução de aplicativos e simulações digitais pode transformar conceitos complexos em experiências interativas ao alcance das mãos dos estudantes. Essa experiência visual e prática ajuda a solidificar o que foi aprendido, quebrando preconceitos e preconceitos em relação à Física. Vale lembrar que, ao utilizar essas ferramentas, deve-se sempre buscar relacioná-las a situações cotidianas. Quando o aluno vê uma conexão entre o conteúdo aprendido e a realidade, o desinteresse geralmente é superado.

Além disso, realizar atividades em grupo deve ser incentivado. Trabalhar em equipe fomenta a troca de ideias e estimula a colaboração. Os alunos se tornam responsáveis uns pelos outros, desenvolvendo não apenas a compreensão dos assuntos, mas também habilidades sociais essenciais. Um projeto simples, mas poderoso, pode envolver construir maquetes de projetos de Física, onde alunos têm a liberdade de expor suas interpretações. Essa liberdade os torna criadores e não apenas receptores de informação, transformando o aprendizado em um ato de descoberta.

Promover uma atmosfera em que perguntas sejam bem-vindas é outra estratégia essencial. Ao instigar a curiosidade dos estudantes e criar um ambiente onde eles se sintam seguros para fazer questionamentos, o professor não só aumenta o envolvimento, mas também a compreensão verdadeira do conteúdo. Isso pode ser feito por meio de debates e discussões abertas sobre temas relevantes do cotidiano, como energia renovável ou a dinâmica dos esportes.

Por último, é importante lembrar que a avaliação deve ser vista como uma ferramenta de aprendizado, e não como um julgamento punitivo. Implementar avaliações formativas, como feedback contínuo ao invés de testes tradicionais, pode ajudar à construção da confiança do aluno em suas próprias habilidades. Quando os alunos sentem que estão se desenvolvendo, eles tendem a ter uma visão mais positiva da disciplina.

Essas são algumas das abordagens e métodos que podem transformar o ensino da Física em uma experiência dinâmica e transformadora, superando barreiras e estigmas. O caminho é contínuo e a evolução no ensino é um reflexo da paixão e da dedicação dos educadores, que ao trabalharem em conjunto, podem moldar não apenas o entendimento de uma disciplina, mas também a mentalidade crítica e curiosa da próxima geração de cientistas. Uma atitude proativa e a disposição para inovar são, sem dúvida, os melhores instrumentos para desmistificar a Física e torná-la uma palestra fascinante e acessível.

Refletir sobre o papel dos educadores na superação de estigmas e desafios no ensino de Física é um exercício profundo e necessário. Sendo a figura central na sala de aula, o professor não apenas dissemina conhecimento, mas também é responsável por moldar a percepção do aluno acerca da disciplina. Essa responsabilidade exige mais do que compreensão teórica; é preciso estar atento ao ambiente emocional e psicológico que envolve o estudante.

Experiências de educadores mostram que a conexão humana é um dos combustíveis mais poderosos para o aprendizado. Um professor que se preocupa genuinamente com seus alunos, que demonstra empatia e o desejo de ver os outros prosperarem, pode criar um ambiente educativo muito mais rico. Quando um aluno sente que seu educador está verdadeiramente interessado no seu sucesso, as barreiras de desconfiança e apatia começam a se desfazer.

Neste cenário, um olhar atento para a diversidade dos métodos de ensino se torna essencial. O professor deve criar um espaço onde todos os alunos, independentemente de suas dificuldades, se sintam à vontade para explorar e questionar. Um bom exemplo disso é a prática de utilizar diferentes abordagens pedagógicas, como projetos e experimentos que motivem a participação ativa, transformando o aprendizado em uma experiência viva.

Quando os educadores compartilham suas próprias histórias de superação, isso também influencia positivamente a atitude dos alunos. Um relato sincero sobre desafios enfrentados, especialmente durante o aprendizado de Física, não só humaniza o professor, mas também mostra aos alunos que a jornada do aprendizado é cheia de altos e baixos. Essa prática de vulnerabilidade pode promover um clima de confiança, onde os alunos se sentem aptos a falhar, aprender e crescer sem o peso do julgamento.

Para avançar, é fundamental que os educadores permaneçam abertos ao diálogo e à troca de ideias. Construir uma comunidade educacional colaborativa, onde os professores podem compartilhar experiências e estratégias, é uma maneira poderosa de melhorar o ensino. Juntos, podem encontrar novas maneiras de apresentar a Física, transformando conceitos abstratos em realidades tangíveis e estimulantes.

Assim, a mensagem a ser passada é clara: o futuro do ensino de Física não se limita à eficiência dos métodos, mas à paixão e ao comprometimento dos educadores. Quando um professor acredita na importância de sua missão e age com determinação para inspirar seus alunos, torna-se um agente de transformação. Portanto, encorajar essa mentalidade progressista e otimista é o caminho para desmistificar a Física e celebrar a beleza da ciência em todos os aspectos do cotidiano.

Essa reflexão conclui a discussão sobre os desafios enfrentados no ensino de Física e reforça a esperança de que, com dedicação e paixão, educadores e alunos podem juntos superar estigmas e construir um futuro promissor, onde a Física se torna uma ferramenta poderosa de entendimento e descoberta.

Capítulo 5: Ferramentas e Recursos Pedagógicos

Introdução às Ferramentas e Recursos Pedagógicos

Ao considerarmos o ensino de Física, é inegável que a diversidade de ferramentas e recursos disponíveis se torna um verdadeiro diferencial. A escolha cuidadosa desses instrumentos pode potencializar a aprendizagem e fazer com que a disciplina se revele mais acessível e fascinante. Dentro das quatro paredes de uma sala de aula, a forma como um professor mobiliza esses recursos pode transformar um ambiente desinteressante em um espaço vibrante de descoberta.

Um dos maiores desafios do ensino tradicional é a maneira restrita de apresentar conteúdo, muitas vezes desconectado da realidade dos alunos. Assim, introduzir práticas que alinhadas à tecnologia e à criatividade é fundamental para despertar a curiosidade e o engajamento dos estudantes. Afinal, cada aluno possui seu próprio estilo de aprendizagem — auditivo, visual, cinestésico — e um educador que entende isso tem em mãos uma poderosa chave para maximizar o aprendizado.

Por exemplo, imagine uma aula que utiliza vídeos interativos que explodem em cores e movimento, explorando a trajetória de um projétil. Os alunos não apenas absorvem conceitos teóricos; eles assistem às águas tumultuadas de um rio em movimento, ilustrando como forças atuam em conjunto. Essa experiência visual e palpável é muito mais cativante do que uma simples leitura de um texto acadêmico, por mais rigoroso que seja.

Além disso, integrar experimentos práticos ao ensino é um método ancestral, mas sempre inovador. Um professor que promove atividades em que os alunos criam, testam e falham, está inaugurando um espaço seguro para o erro — um passo essencial na senda do aprendizado. É na experimentação que a Física se revela; e é nesse ritual de falhar e corrigir que se encontra a verdadeira essência científica.

Ademais, utilizar recursos digitais, como simulações elaboradas, não apenas ajuda a visualizar fenômenos, mas torna a Física uma prática viva. Os alunos podem manusear variáveis, explorar cenários e interagir de uma maneira que poucas disciplinas permitem. Quando a Física se transforma em algo que eles podem tocar com as mãos, a desaprovação se dissipa e o desinteresse vai embora.

Portanto, ao compartilharmos as melhores estratégias e ferramentas pedagógicas neste capítulo, almejamos não apenas equipar educadores, mas também inspirar uma revolução nas salas de aula de Física em todo o mundo. O caminho para a desmistificação dessa disciplina começa aqui, com a disposição de inovar e com a coragem de transformar não apenas o ensino, mas toda a percepção que os alunos têm da Física.

Em nossa jornada pela descoberta dessas ferramentas, vamos explorar maneiras de implementar mudanças que possam proporcionar uma experiência significativa e apaixonante. O que pode começar como um simples experimento em sala de aula pode se transformar em uma janela para o mundo da Física, revelando seus segredos e belezas para uma nova geração de pensadores e criadores. Vamos juntos desbravar esse caminho!

    Ao abordar a experimentação prática no ensino de Física, é fundamental afirmar que essa metodologia não se trata apenas de uma extensão das aulas tradicionais, mas sim de um pilar central que pode transformar a percepção dos alunos sobre a disciplina. A prática de atividades experimentais não só enriquece o conteúdo acadêmico como também conecta os conceitos de Física às experiências cotidianas dos estudantes, fazendo com que a disciplina se torne viva e relevante.

    Um exemplo claro de como isso pode ser feito está na utilização de materiais simples e acessíveis, que encontra-se presente no ambiente escolar. Imagine a seguinte atividade: com algumas garrafas pet, elásticos e um punhado de outros itens que normalmente são descartados, os alunos têm a oportunidade de construir pequenas catapultas. O entusiasmo já começa quando, ao utilizarem suas próprias mãos e criatividade, cada aluno se vê como um inventor, lutando não apenas com a teoria, mas com a aplicação prática da mesma.

    As experiências ao longo de tais atividades são guiadas por um questionamento instigante: como a força e a distância do lançamento interagem? Ao fazer essa análise, os alunos se tornam participantes ativos do aprendizado, incentivando uma cultura de curiosidade e investigação. O professor atua como um facilitador nessa jornada, instigando perguntas, promovendo o debate e encorajando os alunos a buscar respostas, não apenas na apostila, mas no desempenho das suas criações.

Além disso, a observação é uma parte crucial no método experimental. Durante a realização dos experimentos, os alunos estão em contato com fenômenos físicos em tempo real e podem verificar a validade das teorias estudadas. À medida que um aluno observa a trajetória de um projétil lançado, relaciona suas experiências e se pergunta sobre os fatores que a influenciam — ângulo de lançamento, força aplicada e até mesmo a resistência do ar. Essas observações não devem ser subestimadas, pois são essas perguntas que fazem a curiosidade científica florescer.

A importância de provocar a curiosidade nos alunos por meio da experimentação não pode ser ressaltada o suficiente. É fundamental evitar que eles sintam que a Física é apenas uma série de fórmulas e resultados a serem decorados. Em vez disso, ao verem suas criações falharem e darem certo, eles desenvolvem uma resiliência crítica, aprendendo que o erro é apenas uma parte do processo de descoberta. Uma sala de aula onde falhas são aceitas como parte integral da aprendizagem é um espaço onde os alunos se sentem seguros para explorar e inovar.

Assim, ao final de cada atividade experimental, não devemos apenas revisar as respostas corretas, mas também refletir sobre os erros e as tentativas. Esse feedback construtivo é essencial para que os alunos compreendam que a ciência não é uma linha reta, mas um processo contínuo de tentativa, erro, aprendizado e redescoberta. Afinal, na essência da ciência, está o espírito de exploração.

Neste contexto, fica claro que a experimentação prática não só empodera os alunos a colaborar e compartilhar conhecimentos, como também torna a Física uma disciplina repleta de desafios que são não apenas mentais, mas também criativos. A transição do aluno de um mero receptor de conhecimento para um protagonista no processo de aprendizagem é, sem dúvida, um dos maiores legados que o ensino de Física pode oferecer. Então, que sigamos nesse caminho da aprendizado e descoberta, juntos, quebrando barreiras e abrindo portas para um mundo de possibilidades onde a Física é a chave e a curiosidade, o combustível.

Ao falarmos sobre a utilização de tecnologias digitais no ensino de Física, é imediatamente notável o impacto transformador que esses recursos podem ter na maneira como a disciplina é apresentada e vivenciada pelos alunos. A tecnologia, longe de ser um mero adereço, é uma aliada poderosa que enriquece a experiência educacional, possibilitando novas formas de entendimento e interação.

Um dos grandes avanços nessa área é a utilização de softwares e aplicativos que simulam fenômenos físicos complexos. Imagine uma sala de aula onde os alunos, por meio de um tablet ou computador, podem observar e manipular variáveis que regem o movimento de um corpo em queda livre. Ao traçar gráficos e prever o impacto de diferentes fatores — como a altura do lançamento ou a gravidade —, eles estão não apenas aprendendo; estão experimentando diretamente a Física em ação. Essa prática traz à tona um conhecimento que vai além das teoria, tornando-se um aprendizado significativo e palpável.

Os vídeos interativos também se mostram como uma ferramenta altamente eficaz. Por exemplo, um filme animado pode ilustrar os princípios da termodinâmica em uma narrativa envolvente, ligando a abstração da teoria a situações reais do cotidiano, como o funcionamento de um refrigerador ou o aquecimento dos oceanos. Isso não só torna a Física mais acessível, como também a conecta à vida diária dos alunos, aumentando sua relevância e interesse.

Simulações de movimento, que permitem aos alunos visualizar e manipular objetos em diferentes cenários, também desempenham um papel crucial. Ao facilitar a observação de fenômenos que seriam impossíveis de serem replicados em uma sala de aula tradicional, essas simulações permitem que os estudantes explorem conceitos de maneira segura, interativa e empolgante. Eles podem ver, por exemplo, como a resistência do ar afeta a queda de um paraquedas em tempo real, ajustando os parâmetros e analisando os resultados imediatamente.

Adicionalmente, a conectividade que a tecnologia oferece possibilita um novo patamar de colaboração entre os alunos. Plataformas de interação e fóruns online se tornam ambientes em que os estudantes podem discutir, compartilhar resultados de experimentos e trocar ideias sobre questões que podem até extrapolar o conteúdo curricular, despertando um aprendizado que é tanto social quanto acadêmico.

Entretanto, é vital que os educadores estejam preparados para integrar essas tecnologias de forma eficaz. O treinamento adequado e a reflexão sobre a implementação dos recursos são passos essenciais para assegurar que a tecnologia não seja apenas um substituto da prática pedagógica, mas uma extensão dela, que realmente contribua para a formação de um aluno mais crítico, curioso e engajado.

Concluindo, ao explorarmos a utilização de tecnologias digitais no ensino de Física, é evidente que nosso desafio não é apenas adaptar-nos a um novo meio, mas utilizar essas ferramentas para inspirar uma nova geração de cientistas e cidadãos informados. Que sigamos em frente, abraçando a inovação e transformando as salas de aula em espaços de descoberta e empoderamento!

Ao tratarmos de atividades lúdicas e interativas no ensino de Física, é importante considerar que o aprendizado não deve se restringir a fórmulas e conceitos. Ao contrário, deve ser uma jornada repleta de diversão, criatividade e colaboração, promovendo um engajamento genuíno entre os alunos. Vamos explorar algumas propostas que podem transformar a sala de aula em um verdadeiro laboratório de ideias e experiências.

Primeiramente, uma atividade divertida que pode capturar a atenção dos alunos é a construção de jogos relacionados aos conceitos físicos. Vamos imaginar um jogo de tabuleiro criado pelos próprios alunos, chamado "Aventuras da Física". Nele, os participantes teriam que superar desafios baseados em leis físicas, como a gravidade ou a dinâmica de movimento. Para avançar no jogo, eles precisariam resolver problemas e desafios práticos, experimentando na prática o que aprenderam em sala de aula. Isso não só impulsiona o raciocínio crítico, mas também promove o trabalho em equipe.

Outra abordagem interessante é a realização de feiras de ciências, onde grupos de alunos escolhem um tema para aprofundar em projetos interdisciplinares. Pense em um grupo que decide explorar a relação da Física com a música. Eles poderiam construir instrumentos simples e apresentá-los na feira, explicando o funcionamento acústico por trás de cada um. Essa mistura de Física e arte não só enriquece o entendimento do aluno como também proporciona uma experiência memorável.

Além disso, aplicar dinâmicas de "escape room" pode ser uma maneira inovadora de ensinar conceitos de Física. Em um ambiente simulado, os alunos precisariam resolver enigmas e desafios utilizando conhecimentos de Física para "escapar" dentro de um tempo limite. Isso não só os estimula a aplicar teorias complexas de forma prática, como também promove colaboração e habilidades de comunicação entre eles. Ao trabalhar em pequenos grupos para desvendar os mistérios, o aprendizado se torna um esforço conjunto e divertido, longe das estruturas tradicionais.

Fazer ligações entre as disciplinas, como História e Física, também pode ser uma prática enriquecedora. Os alunos podem trabalhar em projetos que destacam descobertas científicas importantes ao longo do tempo e o impacto delas na sociedade. Por exemplo, ao estudar a revolução industrial, eles poderiam criar apresentações destacando como as invenções físicas mudaram a maneira como vivemos e trabalhamos. Esse tipo de atividade ajuda os estudantes a ver a Física sob uma nova perspectiva e a entender sua relevância ao longo da história.

Por fim, vale lembrar que o feedback constante é uma ferramenta essencial para a dinâmica interativa. Incentivar os alunos a avaliar e refletir sobre as atividades realizadas não apenas permite um aprendizado contínuo, mas também os faz sentir que sua voz é importante. Criar um espaço onde as opiniões e sugestões são bem-vindas aumenta o envolvimento e a empatia, essenciais para um ambiente de aprendizagem saudável.

Essas iniciativas podem transformar a aula de Física em um espaço vibrante de descobertas e aprendizados. Ao explorar a criatividade e a colaboração, os educadores têm a oportunidade de formar ambientes onde o aprendizado se torna uma experiência coletiva e prazerosa. Vamos abordar cada proposta acima como um passo em direção à desmistificação da Física, mostrando que ela pode ser não só acessível, mas também extremamente divertida e enriquecedora!

Capítulo 6: Física e Suas Habilidades
Raciocínio Lógico e Pensamento Crítico

Quando falamos de Física, muitas vezes nos deparamos com a percepção de que se trata, sobretudo, de números, fórmulas e sequências complexas. Entretanto, uma das verdades mais intrigantes e menos apreciadas é que essa disciplina desempenha um papel fundamental no desenvolvimento do raciocínio lógico e do pensamento crítico dos alunos. Afinal, aprender Física vai muito além dos cálculos que conhecemos; trata-se de uma verdadeira escola para a mente.

Imagine a sala de aula cheia de jovens ansiosos, com seus cadernos abertos, aguardando as experiências. O professor, com um sorriso no rosto, lança a pergunta: "O que acontece com um objeto ao ser lançado para cima?" Essa simples indagação provoca uma cascata de ideias na mente dos alunos. Cada um deles começa a visualizar, a deduzir, a questionar e a chegar a conclusões, do mais simples ao mais complexo. Eles não apenas estão aprendendo uma teoria, mas estão se engajando em um raciocínio lógico que atravessa os contornos da Física, conectando-se a outras áreas da vida.

As experiências práticas realizadas em sala tornam-se essenciais nesse processo. Ao manipular materiais e observar fenômenos ao vivo, os alunos constroem não só seu conhecimento, mas essencialmente suas habilidades de observaçao e dedução. O que começamos a perceber é que, ao criar hipóteses e testar soluções, eles estão fundamentando um alicerce sólido para seu modo de pensar. A Física, em essência, torna-se um eterno ciclo de pergunta-resposta, onde cada erro é apenas uma peça na engrenagem do aprendizado.

Um excelente exemplo disso pode ser visto quando se compara a Física aos jogos de estratégia. Durante um torneio de xadrez, cada movimento deve ser meticulosamente planejado, considerando as consequências futuras. Assim, ao refletir sobre a trajetória de uma bola de futebol que ricocheteia em uma parede, os estudantes praticam essa lógica, sendo desafiados a prever não só onde a bola irá, mas também o que isso significa em termos de forças e direções. Esses momentos não apenas matizam o entendimento das leis físicas, mas simultaneamente estimulam o pensamento lógico, capacitando os alunos a avaliarem situações em suas vidas cotidianas.

Essa importância da Física na formação do raciocínio lógico leva a uma reflexão profunda sobre o papel que a disciplina desempenha na formação acadêmica e na vida pessoal dos alunos. Quando um estudante aprende a argumentar, a questionar e a explorar alternativas, ele não apenas se torna um verdadeiro físico, mas um pensador preparado para os desafios do mundo contemporâneo. A Física, assim, deixa de ser apenas uma matéria de ensino para se transformar em uma força propulsora do intelecto.

Finalmente, à medida que avançamos nessa jornada pelo aprendizado da Física, fica evidente a importância de cultivar um espaço de aprendizado que respeite a curiosidade e o questionamento. Quando as aulas se tornam terreno fértil para a exploração e a análise, os alunos se sentem motivados e, mais importante, capacitados a se tornarem solucionadores de problemas criativos — habilidades que são inestimáveis em qualquer área da vida, seja nas carreiras profissionais, em projetos pessoais ou nas relações sociais.

Com esses princípios fundados, é hora de seguirmos explorando as capacidades de resolução de problemas, uma habilidade que não só será cultivada na sala de aula, mas se espalhará muito além dela, ecoando na vida de cada aluno que ousar embarcar nessa incrível aventura que é a Física.

A resolução de problemas é uma habilidade crucial que se destaca dentro da disciplina da Física, sendo uma ferramenta poderosa tanto no ambiente acadêmico quanto na vida cotidiana. Quando os alunos são desafiados a resolver questões físicas, eles não apenas aplicam fórmulas matemáticas, mas também desenvolvem um conjunto de competências que se estende para além das salas de aula. Vamos explorar como essa prática pode ser implementada de maneira envolvente e eficaz.

Começamos com a reflexão sobre os problemas que encontramos em nosso cotidiano. Eles são como pequenos quebra-cabeças que nos instigam a encontrar soluções, e é exatamente essa abordagem que pode ser aplicada ao aprendizado da Física. Por exemplo, considere a sensação que se tem ao observar a queda de uma maçã de uma árvore. Nesse simple ato, uma série de perguntas pode surgir: "Qual a velocidade que ela atinge ao tocar o chão?", "Como a altura da queda influencia essa velocidade?", "Que forças estão atuando sobre ela durante a queda?". Essas indagações funcionam como um combustível à curiosidade, permitindo que os alunos explorem e analisem fenômenos naturais de maneira significativa.

Uma maneira de instigar esse raciocínio é através de desafios práticos. Imagine uma aula onde os alunos são divididos em grupos e desafiados a criar um dispositivo que proteja um ovo ao ser lançado de uma altura considerável. Aqui, a Física se torna um campo de batalha de ideias. Os estudantes precisam aplicar conceitos de força, gravidade e resistência, ao mesmo tempo em que exercitam o trabalho em equipe e a criatividade. Cada grupo, imerso em suas discussões e experimentos, se apropria do conhecimento numa prática que mistura teoria e inovação.

Um exemplo real de aplicação de Física para resolver problemas pode ser encontrado na área da engenharia. Os engenheiros frequentemente utilizam princípios físicos para criar estruturas que são não apenas funcionais, mas também seguras. Um engano comum é acreditar que a Física é apenas uma disciplina acadêmica teórica. Entretanto, ao observar a construção de pontes, arranha-céus ou até mesmo dispositivos eletrônicos, percebe-se que a resolução de problemas físicos é uma ação em tempo real, que tem um impacto direto sobre nosso cotidiano e nosso ambiente.

Para fomentar a prática de resolução de problemas, educadores podem incorporar atividades que simulem situações do mundo real. Um exemplo seria a introdução de projetos que desafiem os alunos a desenvolver soluções para problemas ambientais, como a eficiência energética ou a poluição. Eles poderiam investigar o uso de diferentes materiais e técnicas de isolamento térmico, por exemplo, contrastando as soluções encontradas com dados concretos, como consumo de energia e custo de materiais. Esta abordagem, além de tangibilizar abordagens teóricas da Física, ensina os alunos a pensar criticamente sobre o impacto de suas soluções.

A interação social também é um aspecto vital. Ao incentivar o debate entre os alunos sobre as soluções propostas, eles se tornam não apenas consumidores de conhecimento, mas protagonistas na construção de suas próprias compreensões. A troca de ideias e a argumentação cultivam um ambiente riquíssimo em aprendizado, onde a resolução de problemas se torna uma competição amigável e colaborativa.

É crucial lembrar que, na resolução de problemas, o erro não é uma falha, mas uma oportunidade de aprendizado. Um professor que cria um espaço seguro para que os alunos experimentem e falhem é um verdadeiro mentor. Os estudantes aprendem a importância da resiliência e da persistência, fundamentais na vida e na carreira laboral futura. É esse ciclo de tentativa e erro que solidifica o conhecimento.

Portanto, ao explorarmos a resolução de problemas através da Física, propomos um aprendizado dinâmico, interativo e altamente eficaz. Ao capacitar os alunos a resolver questões, preparamos mentes críticas e criativas, prontas para enfrentar os desafios do mundo moderno de maneira inovadora e consciente. A Física, portanto, não é apenas uma disciplina acadêmica; é a escola da vida. Vamos juntos nessa jornada de descobertas e de transformações!

A interconexão entre disciplinas é fundamental para um aprendizado completo e significativo, e a Física não é exceção a essa regra. Ao longo da trajetória escolar dos alunos, as habilidades que eles cultivam em Física se entrelaçam com conhecimentos de Matemática, Química e até mesmo Artes, formando uma rede rica de saber. É nessa interdependência que se revela a verdadeira essência do aprendizado. Ao demonstrarmos como as leis físicas se aplicam no cotidiano, fomentamos um aprendizado mais integrado e holístico.

Por exemplo, ao explorar o conceito de ondas sonoras em uma aula de Física, não apenas falamos sobre a compressão e rarefação da matéria. Podemos lever nossos alunos a experimentos práticos, como a construção de um instrumento musical. Ao criar um simples tambor ou um xilofone com garrafas de diferentes volumes, eles veem diretamente como a tensão e a densidade do ar influenciam as ondas sonoras e, consequentemente, o som que resulta de sua construção. Aqui, Física, Música e Criação se entrelaçam.

Além disso, a colaboração entre disciplinas pode ser explorada na química dos materiais. Quando discutimos a condutividade de diferentes substâncias ao analisar experimentos de calor, trazemos a química para o espaço da Física. Os alunos, ao aprofundarem-se nessa interconexão, desenvolvem um pensamento crítico mais apurado, entendendo que as disciplinas não estão isoladas, mas fazem parte de um todo coerente e interligado.

Os projetos interdisciplinares podem enriquecer ainda mais essa experiência. Uma atividade empolgante poderia envolver a modelagem de um braço robótico. Os alunos teriam que aplicar princípios de Física na escolha dos materiais, utilizar conceitos de Matemática para calcular as proporções corretas e até mesmo explorar a programação, ligando a Física à Informática. Essa abordagem abrangente estimula a curiosidade e permite que os alunos desenvolvam habilidades práticas, essenciais no atual mundo em transformação.

Mais importante que transmitir a informação é cultivar um ambiente de colaboração onde os alunos se sintam inspirados a descobrir. Eles devem ver a Física não como uma matéria separada, mas como uma lente através da qual podem compreender muitos fenômenos da vida. Essa visão amplia suas perspectivas e os ajuda a se tornarem pensadores interdisciplinares que podem abordar os desafios do mundo moderno com criatividade e inovação.

Em todas essas conexões, a conclusão que se obtém é clara: a Física é mais do que fórmulas e teorias; é um portal de entendimento que se conecta com as mais diversas áreas do conhecimento. Essa sinergia é o que torna o ensino de Física uma experiência tão rica e apaixonante. Portanto, cultivar essa interdisciplinaridade na sala de aula é fundamental para preparar os alunos para serem não apenas estudantes competentes, mas também cidadãos conscientes e criativos que vão além dos limites do conhecimento convencional.

Essa jornada de aprendizado interconectado é apenas o começo. À medida que avançamos no ensino de Física, os alunos estarão cada vez mais equipados para enfrentar os tempos desafiadores que se avizinham, ancorando-se numa base sólida de conhecimentos que perpetuará sua formação e desenvolvimento ao longo de suas vidas.

A interconexão entre as habilidades adquiridas na Física e o mundo profissional é uma rica área a ser explorada. Quando falamos das competências que os estudantes desenvolvem ao longo de sua formação em Física, é notável o quanto essas habilidades se tornam valiosas em diversas esferas do mercado de trabalho. O raciocínio lógico, a capacidade de resolver problemas complexos e o pensamento crítico são apenas algumas das aptidões que os alunos levam consigo à medida que se aventuram em suas carreiras.

Vamos considerar a história de várias pessoas que, de diferentes maneiras, utilizaram seu conhecimento em Física para impulsionar suas trajetórias profissionais. Temos, por exemplo, a história de Renato, um engenheiro civil. Desde os primeiros anos de faculdade, ele se destacou em suas disciplinas de Física e

Matemática, não apenas pela facilidade em resolver cálculos, mas pela habilidade em enxergar problemas de forma crítica e estrutural. Durante um projeto em que desenvolveu uma nova técnica de construção sustentável, Renato aplicou princípios físicos para garantir que sua abordagem não fosse apenas inovadora, mas também eficiente em termos de custos e impactos ambientais. Essa visão interdisciplinar fez com que ele fosse um dos colaboradores mais valiosos em sua empresa, o que lhe rendeu a promoção almejada.

Por outro lado, observemos o caso de Maria, que se tornou uma pesquisadora na área de tecnologia da informação. Desde o início da carreira, Maria utilizou seu background em Física não apenas para entender os fundamentos das tecnologias que estudava, mas também para criar soluções que combinavam elementos de programação com análises estatísticas. Seus empregadores frequentemente comentavam sobre como sua formação contribuía para que ela pensasse fora da caixa, criando algoritmos mais eficientes e eficazes. O raciocínio lógico que ela cultivou ao longo da graduação a tornou uma profissional admirada e requisitada no setor tecnológico.

Uma reflexão interessante é sobre como a ausência de Física na formação escolar de muitos jovens pode levá-los a perder oportunidades valiosas. A Física é uma porta que se abre para o entendimento de muitos conceitos que permeiam a vida contemporânea. Imagine, por exemplo, uma pessoa que tem interesse na área de saúde; ao entender os princípios físicos envolvidos no funcionamento do corpo humano, essa pessoa pode desenvolver um olhar crítico e científico que a fará se destacar entre seus colegas de profissão. Esse tipo de conhecimento multidisciplinar é a chave que muitas vezes desbloqueia as melhores oportunidades de carreira.

Além das habilidades técnicas e analíticas, a física ensina uma forma de abordar desafios com resiliência e criatividade. O experimento falhado ou a teoria que não se confirma não são vistos como um final, mas como parte do processo de aprendizado. Essa mentalidade, quando trazida para o ambiente profissional, é aquilo que diferencia os bons profissionais dos excepcionais.

Assim, ao falarmos sobre as habilidades desenvolvidas na Física e sua relevância no mundo profissional, é importante ressaltar que o aprendizado vai muito além de fórmulas e conceitos teóricos. Ele molda a maneira como os alunos se verão no futuro, prontos para enfrentar os desafios que surgirem. As possibilidades que a Física abre são vastas, e preparar os estudantes para reconhecer e abraçar isso é, sem dúvida, um dos maiores desafios do ensino hoje.

O impacto que essas habilidades podem ter nos carreiras dos alunos não pode ser subestimado. Elas fornecem uma base sólida que não somente prepara os estudantes para suas futuras responsabilidades profissionais, mas também os equipam com a confiança necessária para inovar e liderar em suas respectivas áreas. Assim, compreendendo o poder transformador da Física, caminhamos juntos com nossos alunos em direção a um futuro promissor e cheio de possibilidades empolgantes.

Neste capítulo, estabelecemos um elo claro entre o aprendizado da Física e suas repercussões no dia a dia do mundo profissional, construindo uma ponte indissolúvel entre teoria e prática. Com isso, ressaltamos o compromisso de não apenas ensinar, mas de inspirar as novas gerações a se tornarem protagonistas de suas histórias, onde a Física não é apenas um conteúdo acadêmico, mas uma aliada fundamental na jornada de cada um.

Capítulo 7: Adaptação Curricular e Inclusão

Entendendo a Inclusão no Ensino de Física

Quando falamos em inclusão no contexto educacional, entramos em um território que envolve compreensão e respeito às singularidades de cada aluno. Definimos a inclusão não apenas como a mera presença de diferentes alunos na mesma sala, mas, acima de tudo, como a oportunidade desses estudantes participarem ativamente e se beneficiarem do aprendizado. A Física, tradicionalmente vista como uma disciplina complexa e desafiadora, não deixa de ser mais uma área onde a adaptação curricular e técnicas pedagógicas inclusivas se tornam fundamentais.

    Imagine uma sala de aula onde as paredes são adornadas com gráficos de movimentos planetários e quadros que traçam as leis da física. Assim, alunos com necessidades especiais muitas vezes enfrentam barreiras invisíveis, como a dificuldade de compreender conceitos que estão longe de suas realidades diárias. Compreende-se, então, que para esses estudantes, a Física pode se tornar um imenso labirinto onde as fórmulas e experimentos parecem inatingíveis. Esses desafios não devem ser encarados como imposições, mas sim como convites à reflexão e à busca por soluções.

    Histórias de alunos que enfrentaram obstáculos e conseguiram vencê-los são poderosos motores de mudança. Tomemos o exemplo de Ana, uma estudante com deficiência auditiva, que, ao se deparar com um professor aberto e disposto a adaptar suas aulas, se tornou uma entusiasta da Física. O professor incorporou recursos visuais, experimentos práticos e até mesmo tecnologia assistiva para garantir que Ana não apenas estivesse presente, mas engajada e participativa. É aqui que percebemos a importância da diversidade e como ela enriquece o ambiente de aprendizado.

    A diversidade dentro de uma sala de aula é uma riqueza de perspectivas e vivências que, quando valorizadas, fomentam um aprendizado coletivo. Quando os alunos se deparam com diferentes modos de pensar, isso os capacita a desenvolver empatia e uma compreensão mais profunda do conteúdo. Assim, ao abordar a Física de maneiras diversificadas, todos se beneficiam, construindo um entendimento que vai além das normas estabelecidas.

    Portanto, ao nos prepararmos para o capítulo que segue, é crucial que tenhamos em mente não apenas a necessidade de adaptação do conteúdo, mas também a importância de um ambiente acolhedor e incentivador. Juntos, exploraremos estratégias que dão vida a esse espaço de aprendizado inclusivo, onde cada estudante se sente parte de uma comunidade unida pelo desejo de descobrir e aprender. Essa é uma jornada que não se limita às salas de aula de Física, abrangendo o futuro de todos os alunos que ousam sonhar e alcançar suas metas, independente de suas particularidades.

    A adaptação curricular é um tema de extrema relevância no ensino de Física, especialmente no que diz respeito à inclusão de todos os alunos nas atividades e propostas educacionais. No contexto atual, onde a diversidade é cada vez mais reconhecida e valorizada, entender as nuances da inclusão na disciplina se torna uma missão necessária e urgentíssima.

Ao abordar a adaptação curricular, precisamos primeiramente focar no desenvolvimento de materiais acessíveis. A produção de conteúdos que respeitem as diferentes formas de aprendizagem é um passo fundamental. Por exemplo, a transformação de textos complexos em recursos visuais e interativos pode facilitar o entendimento de conceitos que normalmente seriam desafiadores. A Física não deve ser vista como um obstáculo, mas sim como uma porta aberta a novas descobertas. A transparência nas explicações, a inclusão de imagens ilustrativas e gráficos claros, além do uso de uma linguagem simples, podem fazer maravilhas para alunos que precisam de um apoio adicional para compreender a teoria.

Outro recurso poderoso são as tecnologias assistivas. Softwares de leitura, aplicativos de simulação física e até mesmo ferramentas de acompanhamento como vídeos com linguagem de sinais tornam o aprendizado mais dinâmico e acessível. Casos de sucesso, como o de instituições que utilizam ferramentas como simuladores de experimentos, demonstram que a incorporação dessas tecnologias não apenas facilita o aprendizado, mas também atrai e engaja os alunos, criando um ambiente educativo mais inclusivo e colaborativo.

É igualmente importante incorporar metodologias ativas de ensino. A prática de aprendizagem baseadas em projetos, em que os alunos podem trabalhar juntos para resolver questões reais, oferece uma abordagem tangível e envolvente. Essa interação não apenas facilita o aprendizado colaborativo, mas também promove um senso de pertencimento entre os alunos, reforçando a ideia de que todos têm voz e valor na sala de aula. Ao implantar essa prática, os professores observam com satisfação como os alunos se tornam protagonistas de seu aprendizado, explorando conceitos físicos em contextos que tangenciam suas vivências.

A inclusão, portanto, deve estar na base de todas as estratégias de ensino. Criar um ambiente de aprendizado acolhedor, onde cada aluno se sinta à vontade para expressar suas dúvidas e suas ideias, é essencial. Isso não significa que precisamos de um discurso homogenizado, mas sim uma celebração das diferenças que existem entre os alunos. Um educador que reconhece e valoriza essas particularidades fortalece o laço entre os estudantes e a Física, promovendo um horizonte onde todos possam navegar com confiança e curiosidade.

Trabalhar em parceria com a comunidade educacional é outra peça-chave nessa construção. A colaboração com famílias e a inclusão de profissionais que oferecem habilidades técnicas podem enriquecer ainda mais a experiência educacional, ampliando os horizontes e as possibilidades de aprendizado. Ao compreender o papel que a diversidade desempenha no aprendizado, estaremos preparando nossos alunos não apenas para serem físicos competentes, mas cidadãos conscientes e engajados em um mundo plural.

O caminho rumo a uma inclusão bem-sucedida em Física exige um compromisso com a evolução contínua e a busca por novas soluções para adaptar o conhecimento às necessidades dos alunos. Portanto, celebrando cada conquista, por menor que seja, nós pavimentamos uma estrada promissora para o futuro. Esse é um caminho repleto de potencialidades onde, juntos, educadores e alunos podem explorar a Física não como uma barreira, mas como um convite a aventuras transformadoras e enriquecedoras.

Criação de um Ambiente de Aprendizado Acolhedor

Construir um ambiente de aprendizagem acolhedor é uma peça fundamental na promoção da inclusão no ensino de Física. Um espaço onde cada aluno se sinta querido e respeitado expande as possibilidades de aprendizado e engajamento. Imagine uma sala de aula onde a diversidade é celebrada e cada voz é ouvida. Essa é a essência do ambiente inclusivo.

Um passo crucial é cultivar o respeito mútuo entre os alunos. Isso pode ser feito através de dinâmicas de grupo que incentivem a interação e a colaboração. A experiência de trabalhar em equipes heterogêneas não apenas enriquece o aprendizado, mas também ajuda a desenvolver empatia e respeito pelas diferenças. Quando um aluno percebe que suas dificuldades são compreendidas e aceitas, sua disposição para aprender e participar aumenta exponencialmente.

Ademais, o professor deve estar sempre atento à linguagem utilizada em sala de aula. Palavras de incentivo e reconhecimento podem transformar a atmosfera de aprendizado. Celebrar pequenas conquistas e mostrar gratidão pelo esforço individual de cada aluno é um modo potente de fortalecê-los. Esse tipo de feedback positivo será a base para que se sintam valorizados e motivados a continuar.

O uso de recursos visuais e auditivos também é de suma importância nesse contexto. Ao criar materiais que contemplem diversas formas de apresentação, como vídeos, infográficos e áudios, o professor torna o conteúdo mais acessível e compreensível. Além disso, essa variedade de mídias atua como um estímulo à curiosidade, levando os alunos a se interessarem mais pela disciplina. A inclusão de experiências práticas, onde alunos possam participar ativamente, fará com que se sintam maiores protagonistas do seu aprendizado.

Outra estratégia vital é a oferta de horários flexíveis para que alunos que necessitem de atenção extra possam receber o apoio necessário. O acompanhamento individualizado é um feito que não deve ser negligenciado. Orequivale a oferecer asas aos alunos, permitindo que alcancem seu pleno potencial. Ao compreender que existem variações nas necessidade dos estudantes, o professor se coloca como um verdadeiro facilitador do aprendizado.

Engajamento da Comunidade

Para complementar a criação de um ambiente inclusivo, o contato com a comunidade é essencial. Envolver familiares e responsáveis no processo educacional desenvolve um laço de confiança e cooperação. Organizar eventos, como feiras de ciência ou oficinas abertas, convida os familiares a interagir com o aprendizado dos filhos, formando um elo entre escola e casa. Esse processo não é apenas benéfico para os alunos, mas também para as famílias, que passam a compreender melhor a importância da Física em suas vidas.

A colaboração com profissionais de diferentes áreas, como especialistas em necessidades educativas ou psicólogos, pode enriquecer ainda mais essa prática. A comunidade se torna uma rede de apoio, onde o conhecimento é compartilhado e expandido. Profissionais podem trazer novas perspectivas e técnicas que ajudam na inclusão de alunos com deficiências, transformando a aula em um espaço diversificado e rico em experiências.

Atividades Práticas e Experimentos Adaptados

A Física é uma ciência que ganha vida através da prática. Portanto, adaptar as experiências científicas para atender a todos os alunos é imprescindível. Um exemplo seria a realização de experimentos com materiais simples que estejam ao alcance dos alunos, promovendo a exploração interativa. Atividades como construir um foguete com garrafa PET ou realizar medições de som, com instrumentos caseiros, não apenas tornam as aulas dinâmicas, mas também despertam a curiosidade e o encantamento.

Outro aspecto importante é a criação de experiências colaborativas. Dividir os alunos em grupos pequenos para que trabalhem juntos na resolução de um problema baseado na Física estimula a troca de ideias e o aprendizado mútuo. Cada aluno traz consigo uma bagagem única, e a interação entre diferentes perspectivas contribui para um entendimento mais profundo dos conceitos. Assim, a Física se torna um assunto acessível e interessante para todos.

Portanto, as práticas de ensino inclusivo demandam um compromisso contínuo com a adaptação, inovação e acolhimento. Ao criar um ambiente de aprendizado onde a diversidade é celebrada, cada aluno se sente parte de um todo. O professor, como guia nessa jornada, tem a responsabilidade de inspirar, motivar e promover a inclusão, abrindo portas para que todos os estudantes possam brilhar e realizar suas potencialidades na fascinante ciência que é a Física.

O sucesso desse processo está enraizado na crença de que a Física não é apenas uma matéria, mas uma ferramenta poderosa para moldar futuros. Ao compreendermos que cada aluno é único, criamos não apenas cidadãos mais conscientes, mas indivíduos que dão significado e forma à ciência que os rodeia. Juntos, estabelecendo essas práticas inclusivas, estamos não apenas ensinando Física, mas formando pensadores críticos preparados para encarar o mundo.

Avaliação e Feedback Inclusivos

Métodos de avaliação diversificados são fundamentais quando pensamos na inclusão no ensino de Física. Para atender às singularidades de cada estudante, é essencial que as formas de avaliação sejam adaptadas de acordo com suas necessidades. Avaliações práticas, como experimentos em grupo ou projetos colaborativos, podem ser uma excelente opção. Esses métodos não apenas permitem uma compreensão mais profunda do conteúdo, mas também promovem o trabalho em equipe, um formato que frequentemente encoraja estudantes tímidos a se expressarem mais ativamente.

Um exemplo elucidativo pode ser o uso de portfólios, onde os alunos podem documentar seu progresso ao longo do tempo. Nessa proposta, cada estudante teria um espaço para registrar suas reflexões, experimentos e aprendizado durante as etapas do curso. A autoavaliação se torna uma poderosa ferramenta para que cada um identifique suas próprias áreas de crescimento, celebrando conquistas, por menores que sejam.

Os feedbacks contínuos e construtivos também desempenham um papel crucial. Ao invés de se concentrar unicamente em notas, o professor deve fornecer comentários detalhados sobre o desenvolvimento do aluno, destacando o que está indo bem e onde podem haver melhorias. Essa abordagem não só valida os esforços dos estudantes, mas também os motiva a se engajar mais ativamente no processo de aprendizado. A comunicação aberta entre professor e aluno cria um ambiente onde a confiança é cultivada, e erros são vistos como oportunidades de aprendizado.

Desenvolvimento de Planos de Aprendizagem Individualizados (PAI)

Os Planos de Aprendizagem Individualizados (PAI) são uma estratégia eficaz para atender às diversas necessidades dos alunos em sala de aula. No contexto da Física, um PAI deve ser elaborado em conjunto com o aluno, considerando suas particularidades e metas de aprendizado. Deve incluir adaptações que viabilizem o acesso ao conteúdo, como prazos flexíveis ou a utilização de recursos específicos.

Um exemplo prático poderia ser o estágio de um aluno que lida com dificuldades de leitura. Nesses casos, a inclusão de materiais audiovisuais pode ser uma solução viável. A utilização de vídeos explicativos ou simulações virtualizadas permite que o estudante compreenda os conceitos físicos sem a barreira da leitura intensa. Assim, um PAI verdadeiramente inclusivo vai além do conteúdo curricula, refletindo as particularidades de cada aluno.

Incorporar a colaboração com outros educadores, especialistas em educação inclusiva e as famílias é essencial na formulação e implementação desses planos. Um diálogo eficaz com todos os envolvidos possibilita uma abordagem holística, assegurando que o aluno tenha todas as ferramentas necessárias para triunfar na aprendizagem da Física.

Reflexão Crítica sobre Práticas Educacionais

Por fim, a reflexão crítica sobre as práticas educacionais desempenha um papel vital na evolução da sala de aula inclusiva. Educadores devem estar sempre abertos à autoavaliação de suas abordagens pedagógicas, buscando entender quais métodos têm funcionado e quais precisam ser ajustados. Isso não é apenas um exercício de conscientização, mas um compromisso com a melhoria contínua.

Relatos de experiências que demonstram como ajustes nas metodologias podem resultar em avanços significativos no aprendizado devem ser compartilhados. É essencial que histórias de sucesso sejam celebradas e que os desafios enfrentados sejam discutidos abertamente. Essa troca de experiências ajuda a criar uma comunidade educacional mais colaborativa, onde todos aprendem uns com os outros e, juntos, conseguem impactar positivamente a trajetória acadêmica de seus alunos.

Cada passo dado em direção à inclusão representa um avanço não só na educação em Física, mas na formação de cidadãos conscientes da diversidade e dos valores humanos. Cultivar esses princípios no ensino é um desafio nobre que, quando alcançado, fornece um legado positivo que será eternamente valorizado.

Capítulo 8: A Avaliação no Ensino de Física

A avaliação é uma alavanca essencial para o aprendizado, especialmente no ensino de Física. Ao falarmos sobre avaliação, muitas vezes as pessoas se remetem a testes e exames, mas essa visão rígida não é suficiente. É fundamental entender que a avaliação deve ser um processo holístico, abrangendo diferentes formatos e abordagens para refletir de maneira mais precisa o desenvolvimento do aluno.

Primeiramente, é importante discutir a avaliação diagnóstica. Antes de mergulhar nos conteúdos que compõem o universo da Física, é válido identificar o nível de compreensão pré-existente dos estudantes. Imagine uma sala de aula onde as dúvidas imediatas se tornam a chave para o engajamento futuro. Atividades como questionários iniciais ou conversas informais podem ajudar a aferir o que os alunos já sabem e quais são suas expectativas. Dessa forma, o professor poderá moldar suas aulas, focando em áreas necessitando de mais atenção e desenvolvimento.

A avaliação formativa é um outro componente fundamental. Ao longo do processo de ensino-aprendizagem, o feedback constante se torna essencial. Por exemplo, durante o estudo de cinemática, ao realizar atividades práticas, o professor pode observar e interagir com os alunos, proporcionando indicações que aprimorem suas compreensões. Não se trata apenas de erros e acertos, mas de crescer e transformar a aprendizagem através de discussões. A jornada de aprendizado deixa de ser solitária; ela se torna colaborativa.

A avaliação somativa, embora menos flexível, também ganha destaque. Muitas vezes vemos essa etapa como um fim. No entanto, ao reutilizá-la como uma oportunidade de perceber o quanto os alunos absorveram e o quanto ainda falta para que alcancem seus objetivos, essa perspectiva se transforma. Uma prova escrita pode ser momentos de alívio, não um estigma de pressão. Ao diversificar as formas de avaliação, introduzindo projetos finais que impliquem em aplicações práticas, como a construção de um experimento, os estudantes não apenas retêm o conhecimento, mas se sentem desafiados a aplicar a Física em situações reais.

Dentro desse contexto, não podemos deixar de falar das avaliações alternativas. O portfólio, por exemplo, é uma ferramenta poderosa. Neste formato, os alunos são convidados a documentar seu progresso, refletindo sobre suas aprendizagens, desafios e conquistas. Essa prática promove a autoavaliação, onde os alunos integram experiências e compreendem sua trajetória no ensino da Física. Quando acolhemos a autoavaliação, estamos formando estudantes crítico-reflexivos, que não se enxergam apenas como receptores de informação, mas protagonistas que reconhecem suas capacidades e limitações.

As interações enriquecedoras, como a avaliação entre pares, também devem ser vistos como elementos centrais. Este formato não apenas possibilita diálogos sinceros sobre a aprendizagem, mas promove um ambiente onde os alunos são incentivados a ouvirem e ensinarem uns aos outros. Em um universo repleto de relações interpessoais, esse método fixa laços e proporciona um espaço de aprendizado mais profundo.

Um aspecto vital da avaliação no Ensino de Física é a capacidade do professor em fornecer feedback construtivo. Críticas devem ser readaptadas para apoiar o crescimento individual, valorizando o progresso de cada aluno. Imagine um aluno que, ao ser elogiado por sua participação ativa durante um experimento, sente-se encorajado a continuar explorando novos conceitos. O feedback não deve ser uma mera formalidade; ele deve ser uma ferramenta de motivação.

Ao final, ao avaliar, não devemos nos limitar apenas ao domínio de conteúdos, mas à formação integral do estudante. Uma avaliação eficaz é um espelho que reflete o potencial de cada aluno e os caminhos que ainda podem ser trilhados. No ensino de Física, enquanto educadores, devemos construir uma avaliação que não é apenas um teste de conhecimento, mas um passo adiante em direção ao empoderamento educacional.

Um futuro promissor reverbera na diversidade das avaliações, onde cada voz é respeitada e cada conquista é celebrada. Ao abraçar essas abordagens inclusivas, estamos forjando educadores mais sensíveis e estudantes mais preparados para encarar tanto os desafios como as maravilhas que a Física pode oferecer no mundo ao nosso redor.

A avaliação, nesse espaço educacional da Física, precisa transcender o simples ato de atribuir notas e exigir resultados. Esta operação demanda um olhar crítico e desapegado, onde cada estudante é visto como um indivíduo único, cujas trajetórias e experiências moldam seus modos de aprender e compreender. Portanto, ao falarmos sobre a avaliação no ensino de Física, devemos nos lembrar que ela é uma ferramenta poderosa de diagnóstico. É por meio dela que conseguimos mapear o entendimento dos alunos, compreendendo quais conceitos eles abraçam de imediato e quais ainda os desafiam.

Ao introduzirmos a avaliação diagnóstica, peguemos como exemplo uma atividade inicial que propõe aos estudantes refletir sobre o que já sabem acerca de um tema como a gravitação. Apenas a partir de situações reais, vertendo a Física em experiências cotidianas, podemos ancorar o conhecimento prévio. Um exercício interessante seria a observação das marés ou a queda de objetos; esse é o primeiro passo para um aprendizado ativo e reflexivo.

Depois, temos as avaliações formativas, que se revelam cruciais para o aprimoramento do ensino. Imagine um professor circulando entre grupos durante um experimento prático sobre a conservação da energia, escutando as discussões e interagindo com os alunos. Esse feedback instantâneo não apenas elucida as dúvidas, mas as transforma em oportunidades de aprendizagem coletiva. Aqui, o professor torna-se um mediador, guiando os estudantes em um caminho de descobertas.

Contudo, é na avaliação somativa que frequentemente encontramos os maiores dilemas. Um teste tradicional pode ser uma fonte de estresse e ansiedade. Portanto, vamos mudar a abordagem: em vez de um exame final convencional, que tal propor um projeto onde os alunos desenvolvam um experimento que demonstre um princípio físico? Assim, as notas se tornam reflexos de experiência e criação, e não meras cifras frias.

Além disso, as avaliações alternativas devem ser incorporadas ao dia a dia. O portfólio, por exemplo, permite que cada aluno registre sua evolução, construa sua história de aprendizados e reconheça seu ritmo. Essa prática não só estimula a autoavaliação, mas também dá aos alunos um senso de responsabilidade pela própria aprendizagem. Eles passam a ser co-autores de uma história que se entrelaça com a Física em suas vidas.

Não podemos esquecer o enriquecimento que a avaliação entre pares pode proporcionar. O estudante se torna professor ao compartilhar seu conhecimento, refletindo sobre suas descobertas e reconhecendo o valor do que aprendeu. Esse diálogo estabelece uma comunidade de aprendizado dinâmica, onde a voz de cada aluno ecoa e ressoa entre os colegas.

Nosso papel, como educadores, é claro: fornecer feedback construtivo, pois as palavras têm o poder de transformar. Um simples elogio a um aluno que se esforçou em um projeto pode ser o combustível que o levará a explorar ainda mais a Física. As críticas devem ser apresentadas de maneira que encorajem, e não desencorajem, um aprendizado contínuo.

Por fim, ao falarmos sobre avaliação, precisamos destacar que o objetivo é moldar não apenas mentes brilhantes em Física, mas indivíduos críticos e atuantes na sociedade. A maneira como avaliamos deve celebrar a jornada de cada estudante e guiá-los em direção ao seu potencial, tornando a Física um caminho de descobertas ricas e significativas. Com cada nova avaliação e feedback, estamos, na verdade, construindo um amanhã onde a Física não é apenas uma disciplina escolar, mas uma ferramenta vital para entender e transformar o mundo ao nosso redor. Essa é a verdadeira essência da avaliação no ensino de Física — um convite ao crescimento e à reflexão, um espaço de acolhimento e inclusão, onde cada estudante tem a chance de brilhar e realizar seus sonhos.

Os métodos de avaliação no ensino de Física estão em constante evolução, e essa mudança é impulsionada pela necessidade de tornar as práticas de ensino mais eficazes e inclusivas. Ao longo do capítulo anterior, exploramos como a avaliação pode ser um reflexo autêntico do aprendizado e do desenvolvimento dos alunos. Agora, precisamos aprofundar nossas discussões e abordar as especificidades da avaliação, focando na inclusão e na diversidade de métodos que podem ser aplicados.

Um dos aspectos fundamentais a se considerar na avaliação é a natureza da avaliação diagnóstica. Ao começar um novo tema, iniciar com uma avaliação que identifique o nível de entendimento prévio dos alunos é essencial. Essa catação permite que o educador molde sua abordagem pedagógica, focando nas áreas que exigem maior atenção. Um simples questionário ou uma discussão em grupo podem iluminar o caminho para um ensino mais direcionado e efetivo.

A avaliação formativa também ganha destaque nessa jornada. Ao longo do processo de ensino, o feedback contínuo se torna uma ferramenta vital. Imagine um professor, atento e envolvido, que circula entre grupos de alunos durante uma atividade prática sobre leis de Newton. Suas observações e intervenções não só clarificam conceitos, mas instigam a curiosidade e o raciocínio crítico. A interação se transforma em uma dança de conhecimento, onde todos os envolvidos são protagonistas, e todos aprendem uns com os outros.

Ainda, a avaliação somativa deve ser repensada. Tradicionalmente, a prova escrita tem sido vista como a culminância de um aprendizado, mas e se proporcionássemos uma alternativa mais criativa? Um projeto prático, onde os alunos aplicam conceitos de Física em situações cotidianas, pode oferecer insights mais valiosos do que uma simples nota. Ao permitir que os alunos construam uma experiência que retrate o que aprenderam, a avaliação se transforma em um ato de criação, e não apenas em um veredicto simplista.

Ademais, as avaliações alternativas, como portfólios de aprendizado, oferecem uma nova era de avaliação, onde os alunos registram seu progresso e reflexões de maneira holística. Este método não só empodera os alunos a assumirem a responsabilidade por sua aprendizagem, mas também fornece aos educadores uma apreciação mais rica do progresso de cada um.

O papel do feedback, portanto, não pode ser subestimado. Não se trata apenas de atribuir notas ou identificar erros, mas sim de oferecer orientações que promovam um real crescimento. Um feedback construtivo proporciona oportunidades de aprendizado e reforça a identidade do aluno como aprendiz. Isso é especialmente importante em um ambiente inclusivo, onde todos devem se sentir valorizados e motivados.

Por último, à medida que avançamos na discussão sobre avaliação inclusiva, é essencial refletir sobre a ética e a responsabilidade que detemos como educadores. Cada avaliação que realizamos deve ser pensada em termos de acesso e oportunidade. O objetivo não é apenas medir, mas garantir um aprendizado significativo, que abra portas e desafie limitações preconcepcionais.

Assim, ao permanecermos abertos a novas abordagens e reflexões sobre nossa prática avaliativa, proporcionaremos um terreno fértil onde a Física pode florescer como um campo fascinante e acessível a todos, respeitando as singularidades de cada aluno. Portanto, nossas avaliações, quando concebidas com cuidado e intencionalidade, não apenas revelam o que os alunos sabem, mas também o que eles são capazes de se tornar. Juntos, professores e alunos, baladeiros em um espetáculo educativo, podemos fazer da Física uma aventura enriquecedora, transformando desafios em conquistas no caminho do aprendizado.

A avaliação é uma ferramenta poderosa no universo do ensino de Física, e para que ela cumpra sua função de promover a aprendizagem de maneira inclusiva, é imperativo que sua aplicação seja abrangente e reflexiva, levando em consideração a singularidade de cada aluno.

Ao adentrarmos na discussão deste capitulo, precisamos apreciar a avaliação não como um fim, mas como um meio essencial que contribui para o crescimento e a formação de cidadãos críticos e conscientes.

A avaliação diagnóstica é o primeiro passo em nossa jornada. Imagine uma sala de aula onde se estabelece um diálogo inicial sobre o que os alunos já conhecem acerca dos conceitos de Física. Essa conversa não é apenas um procedimento rotineiro, mas um momento genuíno de conexão entre professor e alunos, projetando uma visão clara sobre o que deve ser abordado em seguida. Atividades interativas que convidam os alunos a compartilhar suas ideias iniciais sobre temas como a gravidade ou as leis de Newton aproximam o professor das realidades de cada estudante, permitindo um planejamento mais eficaz e consciente.

Prosseguindo para a avaliação formativa, a ideia aqui é manter o fluxo do aprendizado em movimento. Imagine um professor que, ao acompanhar um experimento em grupo sobre energia cinética, observa as interações e se posiciona para oferecer feedback. Cada comentário, cada observação é um passo em direção ao reforço do entendimento, criando um ambiente onde a aprendizagem se torna uma construção coletiva. É essa comunicação contínua que abre espaço para ajustes e adaptações que garantem que todos avancem na mesma sintonia.

O que precisamos ainda ressaltar são as avaliações sumativas. Estas, muitas vezes vistas como uma forma de encerramento, podem ser transformadas em experiências significativas. Propostas que exigem que os alunos realizem projetos finais, em vez de simplesmente aplicar provas escritas, dão espaço para que expressem a Física em sua vida cotidiana. Pense em um grupo de alunos que, ao trabalharem juntos para desenvolver um dispositivo que converte energia solar em elétrica, não só apreendem conceitos, mas se veem inseridos em uma prática real que poderá impactar o mundo ao seu redor.

A avaliação alternativa traz à tona a versatilidade que a educação precisa. O uso de portfólios de aprendizagem pode se revelar um verdadeiro tesouro. Os alunos documentam seus progressos, reflexões e aprendizados em um espaço visual que vai além da clássica folha de respostas. Assim, eles se apropriam da sua própria trajetória, conectando experiências e compreendendo o quanto cresceram ao longo do semestre.

Em meio a tudo isso, o feedback construtivo se torna a chave que abre portas. Não se trata apenas de apontar falhas; devemos cultivar o hábito de celebrar conquistas e reconhecer esforços, pois palavras de encorajamento têm um impacto significativo. Um elogio sincero a um aluno que se lucrou de desafios pode ser o combustível que o impulsionará a se aprofundar ainda mais na Física e, claro, a se interessar por outras áreas do conhecimento.

Por último, devemos ressaltar a importância de ver a avaliação como um instrumento ético. Cada ação avaliativa deve ter em mente o bem-estar dos estudantes, promovendo o acesso ao conhecimento e a construção de um aprendizado significativo. Nesse capitalismo educacional em que vivemos, a inclusão não pode ser uma exceção, mas sim a norma.

Ao final deste capítulo, percebemos que a avaliação, quando realizada com intencionalidade e sensibilidade, transcende a mera atribuição de notas; ela se torna um processo transformador, onde alunos e educadores se tornam coautores de uma história de aprendizagem contínua e rica. Ao abraçarmos essa diversidade de métodos de avaliação, estaremos pavimentando um caminho promissor no ensino de Física, um caminho onde a curiosidade e a descoberta são sempre bem-vindas.

Capítulo 9: Projetos Interdisciplinares e Ensino de Física

A educação contemporânea tem exigido novas abordagens que vão além da mera transmissão de conteúdo. A Física, uma disciplina muitas vezes considerada desafiadora, se beneficia enormemente da implementação de projetos interdisciplinares que conectam o conhecimento teórico à prática. Ao iniciarmos essa discussão, é essencial entender que a interdisciplinaridade não apenas enriquece o aprendizado, mas também possibilita que os alunos vejam a relevância da Física em vários contextos da vida real.

    Por que os projetos interdisciplinares são tão valiosos? Em primeiro lugar, eles estimulam a curiosidade e o engajamento dos alunos. Quando a Física é associada a temas como sustentabilidade, saúde ou tecnologia, os estudantes conseguem perceber a aplicabilidade dos conceitos aprendidos nas diferentes áreas do conhecimento. Vamos imaginar um projeto que una a Física à Biologia, explorando a biofísica do movimento. Os alunos poderiam investigar como as leis de Newton se aplicam à locomoção dos animais, ao mesmo tempo que estudam as adaptações fisiológicas que permitem esse deslocamento. Dessa forma, a aprendizagem se torna mais significativa, uma vez que os alunos veem diretamente o impacto da Física em fenômenos naturais.

    Além disso, os projetos interdisciplinares incentivam o desenvolvimento de habilidades essenciais, como trabalho em equipe, resolução de problemas e pensamento crítico. Os educadores têm a oportunidade de promover um ambiente colaborativo, onde os alunos compartilham suas ideias e soluções. Por exemplo, imagine uma equipe de alunos trabalhando juntos para criar um modelo de gerador eólico. Durante esse projeto, eles precisarão investigar conceitos de energia, aerodinâmica e design, ao mesmo tempo que aprendem a orquestrar suas contribuições e respeitar as opiniões dos colegas. Essa experiência não só reforça o conhecimento teórico, mas também prepara os alunos para o mundo real, onde a colaboração e a comunicação são habilidades valorizadas.

Um aspecto fundamental na implementação de projetos interdisciplinares é a meticulosidade no planejamento. Para garantir que as disciplinas estejam adequadamente integradas e que a aprendizagem seja efetiva, os educadores devem trabalhar juntos na concepção das atividades. É crucial que o planejamento seja feito de forma conjunta, estabelecendo objetivos claros e discutindo como cada disciplina contribuirá para o projeto. A reunião de professores com formação diferente para a elaboração de um currículo que favoreça a interdisciplinaridade é um passo importante para o sucesso do projeto.

Além disso, a avaliação em projetos interdisciplinares requer uma abordagem diferenciada. As avaliações devem englobar não apenas o conhecimento técnico, mas também o desenvolvimento de habilidades práticas e sociais. Avaliações formativas, como autoavaliações e avaliações entre pares, podem proporcionar uma visão mais completa do progresso dos alunos, permitindo-lhes refletir sobre sua aprendizagem e suas contribuições. Imagine um aluno que participa de um projeto colaborativo para analisar a física por trás do movimento de um carro de corrida; ao final do projeto, além de receber uma nota, ele poderia se autoavaliar e receber feedback de seus colegas, levando em consideração não só seu desempenho técnico, mas também sua habilidade em trabalhar em equipe. Essa prática não apenas valoriza o aprendizado, mas também ajuda a criar um ambiente de respeito mútuo entre os alunos.

Por fim, é crucial que os educadores enfrentem abertamente os desafios que surgem ao longo da implementação de projetos interdisciplinares. A resistência a mudanças, dificuldades em organizar o tempo e a necessidade de formação contínua são obstáculos frequentes. Para superar essas barreiras, os professores devem estar dispostos a adaptar suas práticas e a buscar apoio mútuo. Encontros regulares entre educadores para refletir sobre as experiências e compartilhar boas práticas podem estimular uma cultura de inovação e melhoria contínua.

Portanto, ao considerarmos a intersecção entre a Física e outras disciplinas, percebemos que o potencial desses projetos vai muito além do simples ensino de conteúdos. Ele abre as portas para um aprendizado mais profundo e aplicável, tornando os alunos agentes ativos em sua educação. Ao integrar a Física de forma significativa e interessante, não estamos apenas ensinando uma disciplina, mas ajudando a formar cidadãos críticos e preparados para colaborar e enfrentar os desafios do mundo contemporâneo.

Não é apenas uma mudança na prática pedagógica; é uma oportunidade inestimável de transformar o ensino de Física em uma aventura rica e envolvente, acessível a todos e rica em possibilidades. Essa jornada promete cultivar não apenas o conhecimento, mas a paixão pela aprendizagem, pelo questionamento e pela descoberta — elementos essenciais para formar mentes curiosas que sempre buscam entender o mundo ao nosso redor.

Projetos interdisciplinares no ensino de Física oferecem uma oportunidade singular de conectar a teoria à prática de forma enriquecedora e engajante. Ao explorar maneiras de integrar diferentes disciplinas, podemos despertar a curiosidade dos alunos e mostrarmos que a Física é mais do que fórmulas e gráficos – é uma ferramenta essencial para compreender o mundo que nos rodeia. Neste capítulo, analisaremos as práticas que permitem a formação de contextos educacionais que favorecem o aprendizado significativo e colaborativo.

Os projetos interdisciplinares assumem um papel indispensável ao trazer a Física para as discussões do cotidiano. Imagine os alunos se envolvendo em um projeto que combina conceitos de Física com recursos de tecnologia para desenvolver um modelo de energia renovável. Ao colaborar com colegas de outras disciplinas, como Ciências e Matemática, eles não apenas aprimoram suas habilidades em Física, mas também desenvolvem uma compreensão holística de questões atuais, como a sustentabilidade.

Ao planejar esses projetos, a colaboração entre professores de diferentes áreas acadêmicas é vital. Não se trata apenas de mesclar conteúdos, mas de criar uma narrativa coerente que una os aspectos de cada disciplina. Por exemplo, um projeto que investigue a relação entre a Física e o impacto ambiental poderia incluir aulas de Biologia para entender os ecossistemas afetados e Geografia para discutir as políticas de conservação. Essa abordagem não apenas enriquece a aprendizagem, como também mostra aos alunos como os conhecimentos se interconectam em um mundo real.

Um dos benefícios mais significativos dos projetos interdisciplinares é a promoção do trabalho em equipe. Os alunos aprendem a dividir tarefas, respeitar prazos e lidar com diferentes opiniões, habilidades essenciais para o sucesso no século XXI. Uma experiência prática pode ser a criação de um experimento que simule o efeito da gravidade em objetos diferentes. Durante o processo, os alunos se deparam com desafios que exigem pensamento crítico e inovação, incentivando um ambiente de aprendizado dinâmico e participativo.

Quando apresentamos a avaliação dentro desse contexto, ela deve ser adaptada. Em vez de um teste final, imagine uma apresentação onde os alunos exibem os resultados de seus projetos e o que aprenderam. Avaliações formativas, como feedback contínuo e reflexões individuais, oferecem uma visão mais profunda do progresso de cada estudante. O jogo colaborativo cria uma via na qual todos são responsáveis pelo aprendizado uns dos outros.

Ainda é importante reconhecer que a implementação de projetos interdisciplinares traz desafios. Pode haver resistência a mudanças por parte dos docentes, dificuldades na gestão do tempo ou, até mesmo, falta de materiais. No entanto, essa resistência pode ser superada quando se busca apoio mútuo e formação contínua. O diálogo aberto, sessões de formação e o compartilhamento de experiências práticas podem impulsionar o sucesso das práticas interdisciplinares.

Finalmente, ao analisarmos a potencialidade destes projetos, percebemos que eles vão além do ensinamento tradicional da Física. Eles expandem o horizonte dos alunos, ajudando-os a se tornarem cidadãos mais bem informados, criativos e prontos para enfrentar os desafios do futuro. Acompanha-se a formação de indivíduos que não apenas sabem Física, mas que a utilizam como uma potente ferramenta para compreender e atuar no mundo.

    Este caminho, que inicia na sala de aula e ressoa em áreas que foram tradicionalmente vistas como desconectadas, convida-nos a explorar e ensinar, a engajar e emocionar, reforçando que o ensino da Física, em sua essência, deve ser uma aventura de descoberta constante. Portanto, ao adotar esta abordagem interdisciplinar, estamos lançando alicerces para um aprendizado significativo e transformador, que pode iluminar o caminho de nossos alunos nessa jornada fascinante pelo mundo da ciência.

    Neste espaço riquíssimo que é o ensino de Física, os projetos interdisciplinares emergem como verdadeiros catalisadores para a aprendizagem significativa. Ao entrelaçar conceitos de Física com outras disciplinas, transformamos o cotidiano dos alunos em um campo fértil para a exploração e descoberta. Ao iniciarmos este bloco, é crucial destacar que a interdisciplinaridade, além de motivar os estudantes, os conecta a problemas reais, permitindo que vejam a relevância de seus aprendizados em diversas esferas da vida.

A conexão entre a Física e a Biologia, por exemplo, se desdobra em um projeto fascinante: imagine alunos que, ao estudarem a locomoção dos animais, aplicam as leis de Newton para entender como diferentes espécies se adaptam e evoluem em seus habitats. Eles utilizam a Física para compreender não apenas o movimento, mas também o impacto do ambiente sobre os organismos. É um aprendizado que não se limita às páginas de um livro, mas que transpõe os muros da sala de aula e se instiga na realidade ao redor.

Ademais, os alunos não apenas assimilam conhecimento, mas desenvolvem habilidades essenciais como o pensamento crítico e a capacidade de trabalhar em equipe. Ao se lançarem em projetos onde devem criar soluções para desafios apresentados, como construir uma pequena turbina eólica, enfrentam problemas que exigem integração de diferentes áreas do conhecimento. Ao lidar com essa diversidade disciplinar, eles não apenas solidificam a Física, mas também desenvolvem um senso agudo de lealdade e respeito entre colegas – habilidades cruciais para o mundo atual, em constante transformação.

Entretanto, o planejamento para implementar esses projetos requer meticulosidade e empenho. Uma boa prática para os educadores é reuni-los em um espaço colaborativo, onde possam discutir quais conteúdos serão abordados de forma conjunta e como cada disciplina irá se aportar na construção do projeto. Estabelecer objetivos claros ajuda a mensurar o progresso e direcionar os esforços, garantindo que cada voz seja ouvida e respeitada.

Mais do que avaliar resultados, a maneira como fazemos isso exige uma adaptação à nova realidade da aprendizagem. As avaliações não podem ser meramente somativas; é imprescindível que sirvam de reflexão sobre a jornada de cada aluno. Quando se propõe a um grupo apresentar o que criou ao final do projeto, estamos celebrando não apenas o que aprenderam de Física, mas a aptidão em comunicar ideias, o esforço colaborativo e a paixão pelo conhecimento.

Os desafios virão, é verdade. Mudar uma abordagem tradicional para uma mais integrada exige coragem e apoio mútuo entre educadores. Muitas vezes enfrentamos a resistência à mudança, mas cada obstáculo pode ser tratado como uma oportunidade de crescimento. O diálogo constante e as trocas entre colegas se tornam fundamentais para a superação dos desafios e para a construção de um ambiente educacional dinâmico.

Portanto, à medida que abraçamos essa metodologia de ensino e convidamos nossa turma a explorar as intersecções entre a Física e outras áreas, percebemos que estamos formando não apenas estudantes conhecedores da disciplina, mas cidadãos preparados para as complexidades do mundo contemporâneo. O ensino de Física, quando visto sob a ótica da interdisciplinaridade, revela sua verdadeira potência: um convite à aventura, à descoberta e à transformação social.

Encerraremos este bloco refletindo sobre o impacto que esses projetos geram na formação integral dos alunos. Cada nova experiência, cada conexão realizada, traz à luz não só o prazer pelo conhecimento, mas a habilidade de aplicar essa sabedoria em questões do dia a dia. Esta é a essência do ensino: despertar a curiosidade, nutrir o entendimento e preparar as novas gerações para serem agentes ativos na construção de um futuro mais consciente e colaborativo.

Desenvolver projetos interdisciplinares no ensino de Física é uma necessidade premente para que os alunos possam vivenciar a aprendizagem de forma integrada e significativa. Neste capítulo, abordaremos os desafios e as perspectivas que cercam essa abordagem inovadora, buscando proporcionar uma compreensão mais ampla das interconexões que existem entre a Física e outras áreas do conhecimento.

Os projetos interdisciplinares, quando bem planejados, não apenas incentivam a curiosidade natural dos alunos, mas também os envolvem em contextos reais e relevantes. Por exemplo, ao integrar a Física com temas como mudanças climáticas ou energia sustentável, os alunos podem explorar como os conceitos físicos se aplicam a problemas que afetam o mundo atualmente. Essas experiências enriquecedoras não só motivam os alunos a aprender, mas também os encorajam a se tornarem agentes ativos em suas comunidades, gerando um impacto positivo.

No entanto, a implementação de projetos interdisciplinares não vem sem desafios. Um dos principais obstáculos enfrentados por educadores é a resistência a novas metodologias. Muitas vezes, permanece a tradição de ensinar as disciplinas de forma isolada, o que pode dificultar a aceitação de uma abordagem mais holística. Além disso, a falta de tempo para o planejamento e a necessidade de formação contínua em metodologias interdisciplinares podem se tornar barreiras significativas para muitos professores.

É imperativo que as instituições de ensino incentivem um ambiente colaborativo entre professores de diferentes disciplinas. Essa mudança de paradigma gera oportunidades para que educadores compartilhem suas experiências e práticas, levando a uma integração curricular mais fluida e eficaz. Encontros regulares entre os docentes podem se tornar espaços de inspiração e criatividade, onde ideias irrigam a construção de projetos que propõem a intersecção entre a Física e outras áreas.

Para operacionalizar essas ideias, é necessário desenvolver um planejamento detalhado para projetos interdisciplinares. O envolvimento de todos os professores participantes na definição de objetivos e métodos é crucial. O ensino baseado em projetos (PBL), por exemplo, permite que várias disciplinas trabalhem juntas em um único objetivo comum, cultivando a colaboração e o respeito mútuo.

A avaliação nestes projetos também requer atenção especial. É vital que o sistema avaliativo reflita não apenas o domínio dos conteúdos, mas também o desenvolvimento de habilidades colaborativas e de pensamento crítico. O feedback contínuo, autoavaliação e avaliações entre pares tornam-se ferramentas importantes nesse contexto, pois proporcionam aos alunos uma visão mais ampla do seu próprio aprendizado e do das suas interações em equipe.

Por fim, a jornada de enfrentamento dos desafios trazidos pela interdisciplinaridade revela-se uma oportunidade de crescimento profissional para educadores. Ao implementar e refletir sobre essas práticas, os professores se tornam modeladores não apenas da Física como conteúdo, mas também de uma educação que promove a construção de conhecimentos de forma significativa e conexão com a realidade dos alunos.

Neste espaço educativo ampliado, onde a Física não é um conhecimento isolado, mas parte de uma construção cultural e científica mais ampla, estamos preparando nossos alunos para enfrentar um futuro repleto de incertezas e novas descobertas, onde o conhecimento interdisciplinar é uma ferramenta vital para a compreensão do mundo em que vivemos. É com essa perspectiva que seguimos a explorar as promissoras avenidas que os projetos interdisciplinares abrem para o ensino de Física.

Capítulo 10: O Futuro do Ensino de Física

Ao olharmos para o horizonte do ensino de Física, somos naturalmente compelidos a considerar as inovações tecnológicas que estão moldando a educação contemporânea. Essas inovações não apenas transformam a forma como o conhecimento é transmitido, mas também ampliam as possibilidades de interação e compreensão. Ferramentas como simulações virtuais e plataformas de educação a distância vêm se tornando aliadas poderosas na busca por um aprendizado mais engajador e acessível.

Caminhando por esse universo de tecnologias emergentes, imaginemos o impacto que simulações interativas podem ter na compreensão de conceitos complexos. Visualizar a propagação de ondas sonoras ou observar a dinâmica do movimento em um ambiente virtual dá vida à Física, permitindo que os alunos explorem fenômenos antes abstratos de uma maneira palpável e intuitiva. Essas experiências, longe de substituir o professor, são uma extensão de sua capacidade de despertar a curiosidade e o interesse dos alunos.

Contudo, implementar essas ferramentas requer mais do que apenas disponibilidade tecnológica. A formação contínua dos educadores é fundamental para que eles se sintam confortáveis e aptos a integrar essas inovações em suas práticas de ensino. É preciso que os professores estejam imersos nessas tecnologias para que consigam guiar seus alunos nesse novo mundo de descobertas, criando um ambiente de aprendizagem que estimule a criatividade e a autonomia.

Ao avançarmos para uma nova era educacional, também devemos refletir sobre as mudanças nos paradigmas de aprendizagem que estão influenciando o ensino de Física. A transição de uma abordagem centrada no professor para uma centrada no aluno tem se mostrado essencial. A metodologia de aprendizagem baseada em projetos, por exemplo, não apenas enriquece o conteúdo, mas permite que os alunos sejam protagonistas de sua própria educação. Essa mudança de perspectiva coloca-os no controle, incentivando a colaboração, o pensamento crítico e a resolução de problemas.

Imaginemos um ambiente de sala de aula onde alunos trabalham em um projeto colaborativo que explora as leis da termodinâmica por meio da criação de um modelo de sistema de aquecimento sustentável. Nessa situação, eles não apenas aplicam conceitos teóricos, mas aprendem a importância de se comunicar e colaborar, habilidades que são cada vez mais valorizadas no mundo atual. Dessa forma, o ensino de Física se transforma em uma ferramenta de formação integral, preparando os alunos para a complexidade dos desafios do século XXI.

    Outro aspecto a ser considerado é a necessidade de preparar nossos alunos para um mundo em constante transformação. Habilidades como pensamento crítico, criatividade e adaptação são fundamentais para que eles possam se destacar em um mercado de trabalho que está em rápida evolução. Cada experiência de aprendizagem proporciona uma oportunidade de treinamento para essas competências, principalmente quando a Física é apresentada como uma plataforma para a exploração de questões sociais, culturais e ambientais.

    Neste contexto, a inclusão e diversidade são elementos essenciais que não devem ser esquecidos. Todo aluno, independentemente de suas particularidades, deve ter acesso a um ensino que respeite suas necessidades e potenciais. Criar um ambiente de aprendizagem acolhedor é fundamental para garantir que todos possam participar ativamente e se beneficiar do conhecimento compartilhado. Integrar a Física em um currículo diversificado também estimula o respeito pelas diferentes perspectivas e experiências de vida.

Por isso, a evolução do ensino de Física deve ser vista como uma oportunidade não apenas de transformar a educação, mas também a sociedade. Ao moldarmos cidadãos críticos e conscientes, que são capazes de interrogar, questionar e agir, estamos cultivando um futuro em que a ciência e a educação caminham juntas rumo a um mundo mais justo e sustentável.

Assim, ao refletirmos sobre o futuro do ensino de Física, é imperativo que consideremos a importância de um olhar crítico e inovador. A educação deve ser um campo aberto onde a colaboração e a diversidade se entrelaçam, criando um espaço rico para o desenvolvimento do pensamento científico e a construção do conhecimento. Encorajando nossos alunos a explorar novas ideias e práticas, teremos o poder de mudar suas vidas e, consequentemente, o mundo ao nosso redor. Essa é a verdadeira essência do ensino de Física: uma jornada sem limites, repleta de possibilidades infinitas e de transformações significativas para todos.

Nos dias atuais, quando falamos sobre o futuro do ensino de Física, somos levados a considerar a imensa transformação que as tecnologias emergentes podem proporcionar. Nos últimos anos, ferramentas como simulações virtuais, aplicativos interativos e plataformas de aprendizagem online têm se tornado cada vez mais populares, e seu impacto no ensino é simplesmente inegável. A ideia de aprender Física apenas por meio de fórmulas e gráficos parece pertencer a um passado distante, onde o que importava era a mera memorização. Agora, vemos a Física como uma experiência vibrante que se desdobra em nossas mãos.

    Imagine uma sala de aula onde os alunos utilizam realidade aumentada para visualizar os conceitos de eletricidade e magnetismo. Ao invés de se deixarem levar por fórmulas complexas, eles interagem com modelos tridimensionais que mostram como os elétrons se movem através de um condutor, permitindo uma compreensão intuitiva sobre o que está acontecendo. Esse tipo de aprendizado proporciona uma conexão mais profunda e efetiva com os conceitos, tornando o estudo da Física não só acessível, como também excepcionalmente envolvente.

    Entretanto, a implementação dessas tecnologias não se dá de forma automática. É preciso uma formação contínua dos educadores, que devem estar não só familiarizados com as ferramentas, mas também preparados para integrá-las de maneira eficaz em suas metodologias. Sabemos que, muitas vezes, professores se sentem intimidados diante da velocidade com que a tecnologia avança. Por isso, investir em capacitação docente se torna fundamental. Promover oficinas e cursos onde educadores possam experimentar essas novas ferramentas, explorar seu potencial e discutir suas aplicabilidades em sala de aula cria um espaço de confiança e inovação.

Trouxemos também à tona a transformação do paradigma educacional. A mudança de uma abordagem centrada no professor para uma centrada no aluno é essencial no contexto atual. Os educadores devem se tornar facilitadores, guiando os alunos na construção de conhecimento através de experiências práticas e projetos colaborativos. Esse modelo de aprendizagem ativa estimula a curiosidade e o pensamento crítico, preparando os alunos para se tornarem agentes autônomos em suas jornadas de aprendizagem.

Dentro dessa nova perspectiva, é vital apoiar o desenvolvimento de habilidades que vão além do conhecimento técnico. O pensamento crítico e a solução de problemas são apenas algumas das competências cada vez mais requisitadas no século XXI. Se conseguirmos apresentar a Física como uma disciplina que não só capacita os alunos em uma esfera acadêmica, mas que também os prepara para encarar os desafios do mundo real, estaremos realizando um trabalho extraordinário. Vamos considerar um projeto onde os alunos devem criar um protótipo de uma solução de energia sustentável. Ao longo do processo, eles aplicam a teoria à prática, exercitando a colaboração, a comunicação e a inovação – competências que vão muito além da sala de aula.

E não podemos esquecer da importância da inclusão e da diversidade nesse cenário educativo. Um ensino que privilegie a inclusão garante que todos os alunos, independentemente de suas características individuais, tenham a oportunidade de explorar e se apaixonar pela Física. Ao diversificar abordagens pedagógicas e oferecer materiais acessíveis, os educadores fortalecem a educação como um todo, promovendo um ambiente acolhedor e estimulante.

Assim, quando refletimos sobre o futuro do ensino de Física, vislumbramos um caminho repleto de potencial. A fusão de tecnologia, pedagogia inovadora e inclusão oferece um quadro promissor, que não apenas transforma o ensino da Física, mas também contribui para a formação de cidadãos críticos e conscientes. Pela integração desses elementos, estaremos ajudando a moldar um futuro onde o aprendizado é redimensionado, onde a curiosidade e a criatividade são cultivadas, e onde a Física se torna não apenas uma disciplina a ser estudada, mas uma porta de entrada para um entendimento mais profundo do universo que nos rodeia.

Com a mente aberta e a determinação de inovar, nós, educadores e alunos, temos o poder de transformar o ensino de Física em uma experiência rica e inspiradora, uma verdadeira jornada de descoberta que acompanhará nossos alunos ao longo de suas vidas.

O futuro do ensino de Física se desenha em uma tela vibrante de inovações que prometem não apenas enriquecer as salas de aula, mas também transformar a experiência de aprendizagem de forma profunda. Em tempos de rápidas mudanças tecnológicas, observar o impacto delas na educação é essencial. As ferramentas digitais e as simulações interativas estão criando um cenário onde os conceitos físicos se tornam acessíveis, palpáveis, e mais importantes do que nunca.

Imagine alunos, empolgados, manipulando um simulador de ondas eletromagnéticas; eles podem visualizar na prática como as ondas se comportam ao atravessar diferentes meios. Essa interação não é apenas um momento de aprendizado passivo; é um convite à descoberta, um estímulo para que o aluno questione e explore cada vez mais o que está por trás dos fenômenos que a Física explica. Com o auxílio de tecnologias imersivas, o que antes parecia distante se torna uma realidade íntima e familiar.

No entanto, esta jornada não é isenta de desafios. A verdadeira mudança requer não só a adoção de novas tecnologias, mas também um compromisso profundo com a formação contínua dos educadores. Professores bem preparados e motivados são, sem dúvida, a chave para o sucesso dessas inovações. A resistência à mudança é uma barreira comum, e superá-la envolve não apenas o domínio técnico das novas ferramentas, mas também uma transformação nas práticas pedagógicas. Os educadores precisam se sentir seguros e confiantes, e mais importante, devem ter o espaço e os recursos necessários para experimentar e adaptar as novas tecnologias ao seu modo de ensinar.

Conforme avançamos, vemos uma mudança paradigmática nas abordagens de ensino, passando de um formato centrado no professor para um modelo que valoriza a participação ativa do aluno. Neste novo cenário, a criação de projetos colaborativos não é apenas uma prática desejada, mas uma necessidade. Ao envolver os alunos em projetos práticos que rodam em torno de questões relevantes, como as que envolvem as energias renováveis, não só estamos transmitindo conhecimento, mas promovendo habilidades indispensáveis: criatividade, colaboração, e pensamento crítico.

Agora, pense em um projeto onde os alunos desenvolveriam um sistema de filtragem de água utilizando princípios de hidrodinâmica e acústica. Envolvendo várias disciplinas, do design ao estudo do comportamento dos fluidos, esse tipo de atividade não seria apenas uma tarefa; seria uma vivência que permite ao aluno apresentar soluções para problemas reais, fazendo com que se sintam parte ativa e capaz de impactar o mundo ao seu redor.

Entretanto, é imperativo que consideremos a inclusão e diversidade nas novas metodologias. As experiências precisam ser moldadas de forma que todos os alunos se sintam representados e bem-vindos no ambiente de aprendizado. Cada aluno deve ter a oportunidade de explorar a Física de maneira que respeite suas particularidades e ajuste-se a diferentes ritmos e estilos de aprendizagem. Uma educação inclusiva não só enriquece a sala de aula, mas também prepara os alunos para um mundo diversificado, onde a empatia e o respeito são fundamentais.

Portanto, ao olharmos para o futuro do ensino de Física, devemos o fazer com esperança e ambição. A confluência de tecnologia, novas abordagens educacionais e um compromisso com a diversidade nos oferecem uma oportunidade única de inspirar a próxima geração de cientistas, engenheiros e cidadãos críticos. O potencial que a Física possui para moldar a forma como compreendemos o mundo ao nosso redor é extraordinário, e lançá-lo de forma eficaz em nossas práticas pedagógicas é um desafio que devemos abraçar com determinação e criatividade. A jornada é longa, mas ao caminharmos com convicção, veremos não apenas a transformação na sala de aula, mas também no futuro que queremos construir.

O futuro do ensino de Física repousa sobre pilares que se entrelaçam de forma surpreendente, formando uma base robusta para a educação contemporânea. Ao considerarmos o impacto da inclusão e diversidade no ambiente escolar, somos levados a refletir sobre a importância de uma abordagem que não apenas respeite as individualidades, mas que também promova um aprendizado efetivo e significativo.

Um aspecto vital a ser considerado é a necessidade de diversificar as metodologias de ensino. Cada aluno possui um modo único de aprender, e cabe ao educador adotar uma postura flexível que respeite esses estilos. Por exemplo, ao invés de se ater exclusivamente a aulas teóricas, o professor pode utilizar atividades práticas, oficinas interativas e até mesmo jogos educacionais para tornar a Física mais acessível e divertida. Ao fazer isso, não apenas estimulamos o interesse pela disciplina, mas criamos um ambiente onde todos os alunos se sentem valorizados e representados.

Outra faceta importante é a conexão entre o conteúdo de Física e a realidade dos alunos. Abordar temas como a sustentabilidade, a tecnologia e a saúde permite que os estudantes reconheçam a relevância da Física em suas vidas cotidianas. Imagine um projeto onde os alunos construam um painel solar e, ao mesmo tempo, aprendam sobre as leis da termodinâmica. Esse tipo de atividade não só torna o aprendizado dinâmico, mas também permite que cada aluno se conecte emocionalmente com o que está estudando, sentindo-se parte de algo maior.

Além disso, a presença de modelos e referências positivas é imprescindível. Educar em um ambiente que reflete diversidade não é apenas uma questão de inclusão, mas também de atuação. Apresentar aos alunos exemplos de cientistas e profissionais de diversas origens e experiências poderá inspirá-los, mostrando que todos têm um lugar na ciência e que suas histórias e contribuições são igualmente valiosas. Essa diversidade de referência fortalece a autoestima dos alunos e amplia suas perspectivas sobre o que é possível alcançar.

Entretanto, é importante lembrar que a inclusão não se limita ao reconhecimento, mas se estende a ações concretas. As escolas devem estar equipadas para atender a diferentes necessidades, seja através de adaptações curriculares ou da oferta de tecnologias assistivas. Um ambiente que se adapta a todos os alunos não apenas promove um aprendizado melhorado, mas também se torna um espaço de respeito e empatia, preparando-os para interagir de forma saudável e colaborativa na sociedade.

Para que a inclusão na educação de Física seja uma realidade, é necessário que educadores e gestores estejam sempre em busca de formação e atualização. Conhecer as melhores práticas pode abrir caminho para um ensino que vai além da teoria, moldando cidadãos críticos, conscientes e prontos para enfrentar os desafios que a sociedade impõe. Desta forma, o papel do educador é amplificado — ele não é apenas um transmissor de conhecimento, mas um agente de mudança que tem o poder de transformar não só a vida dos alunos, mas a sociedade como um todo.

Assim, à medida que nos deparamos com um futuro repleto de incertezas e oportunidades, temos a responsabilidade de formar um novo perfil de aluno: o que não apenas entende a Física, mas que também a utiliza como uma lentes para compreender e transformar o mundo. Este é, sem dúvida, o verdadeiro potencial da educação em Física: não apenas ensinar uma disciplina, mas estar na vanguarda de uma transformação cultural que valoriza o aprendizado, a inclusão e a diversidade como fundamentais para o progresso humano.

Capítulo 11: Dicas Práticas para o Ensino de Física

Criar um ambiente de aprendizagem envolvente é um dos maiores desafios enfrentados por educadores na atualidade. Ao mergulhar nas intricadas nuances do ensino de Física, vemos que a interação e a participação ativa desempenham um papel fundamental na assimilação de conceitos complexos. Portanto, vamos explorar algumas técnicas que podem tirar as aulas da rigidez do ensino tradicional, fazendo com que os alunos se sintam não apenas ouvintes, mas verdadeiro protagonistas de sua própria educação.

Uma abordagem eficaz para fomentar a participação é a utilização de questionários dinâmicos. Imagine entrar em uma sala de aula e, antes de iniciar o conteúdo, propor uma série de perguntas instigantes. Questões que incitem a curiosidade, gerando discussões acaloradas entre os alunos, permitem que eles compartilhem suas ideias e se sintam valorizados. Por exemplo, perguntar: "Como você acha que a Física influencia no funcionamento de um smartphone?" pode ser o ponto de partida para uma rica troca de pensamentos, que desdobrará em conceitos como eletromagnetismo e ondas de radiofrequência.

Além disso, as discussões em grupo são uma ferramenta poderosa na educação moderna. Quando desafiados a trabalhar em conjunto em pequenos grupos, os alunos não apenas discutem ideias, mas também desenvolvem habilidades essenciais como a colaboração e o respeito mútuo. Propor que discutam um tema específico, como os princípios da hidráulica, e depois apresentem suas conclusões à classe é uma forma eficaz de promover diversidade nas vozes e nos pensamentos.

E que tal trazer práticas às aulas de Física? Experimentação é a alma da ciência e, para isso, deve-se integrar atividades práticas que engajem os alunos. Um exemplo disso é criar um pequeno laboratório em sala de aula onde os estudantes possam simular a aceleração e desaceleração utilizando carrinhos de rolamento. O contato direto com os fenômenos físicos pode estimular a curiosidade e fortalecer a compreensão de conceitos que, à primeira vista, podem parecer abstratos.

Avaliações somativas muitas vezes se tornam um mero processo de atribuição de notas, mas e se fôssemos capazes de transformá-las em um elemento ativo de aprendizado? Implementar avaliações formativas que incentivem o feedback construtivo possibilita que os alunos percebam seu progresso e se sintam empoderados a melhorar. A prática de autoavaliação e avaliação entre pares também contribui para o desenvolvimento do senso crítico e autonomia.

A busca por um ambiente de aprendizagem que respeite e valorize a diversidade cultural e social é de extrema importância. Isso pode ser feito por meio de atividades que permitam aos alunos trazer suas experiências e realidades para a discussão da Física. Por exemplo, ao explorar o conceito de energia renovável, incentivá-los a relacionar a discussão com as fontes de energia utilizadas em suas comunidades pode aproximar a teoria da prática e gerar um maior envolvimento emocional com o conteúdo.

Em suma, criar um ambiente de aprendizagem envolvente não se resume a melhorar o desempenho acadêmico; trata-se de formar cidadãos críticos e conscientes. As técnicas mencionadas não apenas estimulam o amor pela Física, mas também preparam os alunos para serem colaborativos e respeitosos, prontos para enfrentar os desafios de um mundo em constante mudança. Ao implementar essas dicas práticas, cada educador tem a chance de não apenas ensinar uma disciplina, mas de transformar vidas, um aluno de cada vez.

Integrar tecnologia no ensino de Física é mais do que uma tendência; trata-se de uma necessidade premente para preparar os alunos para um mundo cada vez mais digital e interconectado. À medida que os educadores buscam novas formas de engajar seus alunos, o uso de simuladores online, aplicativos educativos e recursos audiovisuais se destaca como uma poderosa ferramenta. Esses recursos não são apenas complementos ao ensino; eles têm o potencial de revolucionar a forma como os alunos percebem e interagem com a Física.

Imaginemos, por exemplo, uma aula em que os alunos utilizam simuladores de dinâmica para estudar o movimento de objetos em diferentes cenários. Com o simples toque de um botão, eles podem alterar variáveis como gravidade, atrito e força aplicada. Essa manipulação instantânea não apenas facilita a compreensão, mas também instiga a curiosidade. Observando como as mudanças nas condições afetam o resultado, os alunos entram em um ciclo de prova e erro que é fundamental na metodologia científica.

Além dos simuladores, o uso de aplicativos para dispositivos móveis pode tornar o aprendizado ainda mais acessível. Existem diversos aplicativos que disponibilizam gráficos em tempo real, animações e testes interativos que os alunos podem usar para reforçar o que aprenderam. Por exemplo, um aluno que estuda ondas sonoras pode utilizar um aplicativo para visualizar a propagação de uma onda em um meio específico. Ao ver esses fenômenos em ação, a abstração teórica se transforma em algo que pode ser percebido e compreendido de forma intuitiva.

Os recursos audiovisuais também desempenham um papel crucial no aprendizado da Física. Filmes, documentários e vídeos explicativos podem trazer experiências do mundo real para a sala de aula. Imagine a exibição de um documentário sobre a física dos esportes, onde se discute a aerodinâmica das bicicletas em corridas. Tal abordagem não apenas torna o aprendizado mais divertido, mas também relevante, pois os alunos podem relacionar os conceitos físicos com situações do cotidiano.

Entretanto, o sucesso na integração da tecnologia não depende apenas da disponibilidade dos recursos; envolve também a preparação do professor. Para que essas ferramentas sejam utilizadas de maneira eficaz, os educadores devem ter um bom entendimento de como cada recurso funciona e como ele se relaciona com o currículo. Organizar workshops ou treinamentos para professores pode ser um passo crucial, garantindo que eles se sintam confiantes em empregar novas tecnologias em suas aulas.

Ao explorar as possibilidades que a tecnologia oferece, os educadores também devem estar atentos à acessibilidade. É fundamental que todos os alunos, independentemente de suas habilidades ou limitações, tenham acesso igualitário a esses recursos. Promover a inclusão digital e garantir que todos os alunos possam usufruir das ferramentas tecnológicas é um compromisso que devemos assumir.

Portanto, ao considerar a integração da tecnologia no ensino de Física, devemos ter em mente que o objetivo final é enriquecer a experiência de aprendizado e criar um espaço onde a curiosidade e a investigação possam prosperar. Com metodologias que utilizem simuladores, aplicativos e recursos audiovisuais, estamos não apenas facilitando a compreensão de conceitos complexos, mas também preparando nossos alunos para se tornarem cidadãos críticos e bem-informados em uma sociedade em constante evolução.

Dando sequência ao nosso capítulo sobre Dicas Práticas para o Ensino de Física, vamos focar na avaliação formativa e no feedback construtivo, aspectos fundamentais para uma aprendizagem efetiva e que são frequentemente negligenciados.

A avaliação formativa é muito mais do que apenas um meio de atribuir notas; é uma poderosa ferramenta de aprendizado. Diferentemente da avaliação somativa, que engloba a apropriação do conhecimento ao final de um ciclo, a avaliação formativa proporciona um acompanhamento contínuo do progresso do aluno. O objetivo é identificar necessidades, orientar melhorias e incentivar um aprendizado ativo.

Para implementar uma avaliação formativa eficaz, uma estratégia essencial é o uso de instrumentos dinâmicos. Em vez de aplicar uma prova tradicional, proponha atividades que estimulem os alunos a refletir e a dialogar. Utilize checklists, rubricas ou portfólios que possam ser preenchidos ao longo do processo de aprendizagem. Essas ferramentas ajudam os alunos a visualizar sua evolução, facilitando um entendimento mais profundo sobre seu próprio aprendizado.

Outro ponto importante é o feedback construtivo. Dar retorno ao aluno não se resume a dizer o que ele fez errado; trata-se de guiá-lo em sua trajetória, ajudando-o a compreender suas dificuldades e a celebrar suas conquistas. O professor deve sempre buscar oferecer uma crítica construtiva, que forneça soluções e direções. Frases como: "Você se saiu bem nesta área, mas que tal tentar abordar essa questão de um ângulo diferente?" podem auxiliar na construção de um diálogo aberto e positivo.

Para que os alunos observe seu progresso, a autoavaliação e a avaliação entre pares podem ser incorporadas ao processo. Essa prática não só promove reflexão sobre o que foi aprendido, mas também desenvolve habilidades sociais e de trabalho em equipe. Ao permitir que os alunos avaliem seu próprio desempenho e o de seus colegas, estamos os ensinando a reconhecer erros, compensar falhas e apontar acertos de maneira respeitosa e construtiva.

É igualmente importante que o feedback recebido esteja alinhado aos objetivos de ensino e aprendizagem. Os educadores devem ter clareza sobre o que desejam alcançar em cada etapa, para que consigam orientar seus alunos de maneira assertiva. Envolver os alunos na formulação desses objetivos pode ser uma estratégia muito eficaz, já que eles se sentem mais motivados ao perceberem-se parte do processo.

Criar um ambiente propício para discussões abertas sobre avaliação pode mudar o paradigma que tradicionalmente cerca a nota. Fomentar o hábito de discutir o desempenho acadêmico de maneira natural, sem medo das críticas, não apenas melhora o entendimento do conteúdo, mas também enriquece as relações interpessoais.

Por fim, lembremos que o que buscamos é desenvolver não apenas domínios conceituais, mas cidadãos críticos e autônomos. A avaliação formativa e o feedback constroem um caminho para a aprendizagem contínua, onde o erro é encarado como parte do processo e não como uma falha intransponível. Ao implementar práticas que priorizem a formação integral do aluno, potencializamos o verdadeiro espírito da ciência — um aprendizado destinado a transformar a realidade e a própria vida das pessoas.

Nos últimos anos, a educação tem percebido um movimento crescente em torno da colaboração entre estudantes, algo que se revela essencial no aprendizado de Física. Criar projetos colaborativos não apenas enriquece o conhecimento, mas também fornece aos alunos uma experiência valiosa em trabalho em equipe e resolução de problemas. Precisamos considerar que o ato de aprender vai muito além da memorização de fórmulas; trata-se, na verdade, de aplicar esses conceitos a desafios reais, e isso pode ser feito de maneira significativa por meio de iniciativas interdisciplinares.

Vamos imaginar a criação de um projeto onde os alunos tenham a tarefa de desenvolver dispositivos que ajudem a economizar energia em suas casas. Ao longo do processo, eles não apenas explorariam os princípios da Física relacionados à energia, mas também aprenderiam sobre sustentabilidade, um tema que está em voga no mundo moderno. Este projeto não só alimentaria a curiosidade científica dos alunos, mas também os colocaria em contato com questões sociais e ambientais de extrema relevância.

Um aspecto fascinante sobre projetos interdisciplinares é que eles podem atravessar as barreiras entre disciplinas. Por exemplo, em um projeto que envolve a Física do movimento dos veículos, os alunos poderiam estudar a mecânica por trás de um carro, relacionando conceitos de Física com a matemática necessária para calcular forças e acelerações, além de explorar as implicações ambientais de veículos sustentáveis. Essa conexão entre disciplinas é uma maneira brilhante de mostrar aos alunos que o conhecimento não é compartimentado: ele vive e respira na vida real.

Outro ponto importante na criação de projetos colaborativos é fomentar um ambiente que encoraje a criatividade. Não se trata apenas de seguir instruções – é sobre permitir que os alunos tenham espaço para experimentar, falhar e tentar novamente. Então, ao invés de fornecer um modelo rígido do que devem fazer, os educadores podem propor diretrizes e objetivos gerais, mas deixá-los escolher o caminho a seguir. Essa liberdade promove um senso de propriedade sobre o aprendizado, algo que aumenta significativamente o engajamento.

    Ademais, é fundamental incorporar a troca de feedback ao longo do projeto. Uma vez que as ideias começam a ganhar forma, os alunos devem ser encorajados a compartilhar o progresso, discutir os obstáculos que encontram e receber sugestões dos colegas. Essa prática não só melhora o trabalho final, mas também desenvolve habilidades comunicativas e de crítica construtiva que são essenciais no ambiente profissional.

    Para que projetos desse tipo sejam efetivos, a avaliação deve ser pensada de forma a valorizar não apenas a produção final, mas todo o processo de aprendizagem. O professor pode estabelecer critérios de avaliação que considerem a participação no grupo, a pesquisa realizada e a inovação nas soluções apresentadas. Dessa forma, o foco se desloca da simples nota para a inclusão de reflexões sobre o aprendizado e o crescimento individual durante a atividade.

Por fim, a aplicação de projetos colaborativos e interdisciplinares no ensino de Física irá, sem dúvida, transformar a sala de aula em um ambiente vibrante de aprendizado. Com experiências reais e conexões significativas, os alunos não apenas dominam os conceitos físicos, mas também desenvolvem um conjunto diverso de habilidades que os prepararão para os desafios do mundo contemporâneo. É essa combinação poderosa que moldará os educadores de Física do futuro, capazes de inspirar e guiar a próxima geração de cientistas e cidadãos críticos. Com coragem e criatividade, podemos transformar o ensino de Física em uma experiência inesquecível e enriquecedora para todos.

Capítulo 12: Encerramento - A Jornada do Conhecimento em Física

A jornada educacional que percorremos ao longo deste livro nos ensina que o ensino de Física vai muito além da simples memorização de fórmulas e conceitos. É uma profunda reflexão sobre o mundo em que vivemos, um convite para explorarmos as interconexões entre a física, a tecnologia e a vida cotidiana. Neste último capítulo, é hora de recapitularmos as experiências e as lições aprendidas, enfatizando que a Física não é apenas uma disciplina acadêmica, mas um poderoso instrumento de formação de cidadãos críticos e pensantes.

Os conceitos que discutimos permeiam a importância de uma abordagem ativa no ensino. Inovar nas técnicas de ensino e transmitir a Física de maneira envolvente é fundamental para despertar o interesse dos alunos. Aqui, a paixão pela curiosidade científica se torna a ponte que conecta a teoria à prática, transformando a sala de aula em um verdadeiro laboratório de ideias. Ao longo deste caminho, não apenas cultivamos um amor pelo aprendizado, mas também fundamentamos noções sobre como a Física molda a sociedade e o futuro.

Diante disso, não podemos deixar de reconhecer o papel fundamental dos educadores. Eles são os facilitadores dessa jornada, os guias que, com sabedoria e dedicação, têm o poder de inspirar e motivar seus alunos. Um professor de Física que atua como mentor não apenas transmite conhecimento, mas também incentiva a exploração, a criatividade e a busca pelo entendimento profundo dos fenômenos que nos cercam. Histórias inspiradoras de educadores que impactaram comunidades e mudaram vidas nos lembram da relevância e da responsabilidade de moldar futuros através do ensino.

É vital lembrar que a aprendizagem não termina nas páginas deste livro. Ao invés disso, ela se expande como um convite contínuo àqueles que se aventuram a integrar práticas e innovar no ensino da Física. Encorajamos cada leitor a se dedicar não apenas ao domínio do conteúdo, mas à construção de um ambiente de aprendizagem que preza pelo crescimento individual e coletivo. Afinal, a educação é um caminho longo que exige coragem, persistência e um olhar atento às mudanças que a sociedade demanda.

Chegamos à conclusão de que a união da criatividade e do engajamento criou pontes poderosas entre o ensino e o aprendizado. Ao convidar educadores, alunos e interessados a colaborarem ativamente no processo educacional, possibilitamos que a Física se torne acessível e intangível. Convidamos todos a imaginarem formas inovadoras de conectar a Física com outras áreas do conhecimento, transcendendo barreiras e expandindo horizontes.

Assim, ao encerrar esta jornada, que possamos cultivar um espírito de curiosidade e aprendizado contínuo. Cada pequeno passo dado é um avanço para moldar o futuro, e cada um de nós, a sua maneira, pode contribuir para transformar o ensino de Física em uma experiência repleta de descobertas e empoderamento para todos. É na busca do saber e na aplicação desse conhecimento que formamos não apenas alunos, mas cidadãos conscientes, preparados para enfrentar os desafios do mundo moderno. Que esta jornada do conhecimento seja apenas o começo de um caminho repleto de aventuras e realizações.

A jornada que temos pela frente no ensino de Física é, sem dúvida, uma missão transformadora. Neste contexto, o papel do educador se destaca como um pilar fundamental, capaz de moldar não apenas a mente, mas também a vida de seus alunos. Um bom professor vai além do mero transmitir conhecimento; ele incute em seus estudantes a chama da curiosidade, a paixão pela descoberta e o gosto pela investigação.

Para isso, é imprescindível que o educador crie um ambiente seguro e acolhedor, onde os alunos possam expressar suas inquietações e dúvidas sem medo de serem julgados. O erro, muitas vezes encarado como um fracasso, deve ser visto sob outra perspectiva – a de uma oportunidade de aprendizado. Historicamente, sabemos que a ciência avança por meio de tentativas e erros, e isso deve ser refletido na sala de aula.

Ser um verdadeiro mentor requer também uma dose de empatia, a habilidade de se colocar no lugar do outro. Quando os educadores entendem que cada estudante traz consigo uma bagagem única de experiências e desafios, eles se tornam mais aptos a adaptar suas abordagens para atender as necessidades individuais. Isso não é apenas importante, é essencial para promover uma verdadeira inclusão no ensino.

Inúmeras histórias de educadores que impactaram positivamente suas comunidades servem como exemplos inspiradores. Tomemos, por exemplo, a experiência de um professor que, ao perceber que muitos de seus alunos não tinham acesso a laboratórios bem equipados, decidiu criar experiências práticas usando materiais simples disponíveis na escola. Ao fazer isso, ele não apenas ensinou conceitos complexos de forma mais acessível, mas também despertou o interesse dos alunos pela experimentação. Essa dedicação não só influenciou o desempenho acadêmico, mas também o desenvolvimento da autoestima e do amor pela ciência.

Além das experiências dentro da sala de aula, é vital que os educadores continuem a se desenvolver profissionalmente. Participar de workshops, buscar novas metodologias e manter-se atualizado com as tendências educacionais são passos que contribuirão para a formação contínua de um educador eficaz. Um professor que investe em sua própria aprendizagem não apenas se torna um melhor facilitador do conhecimento, mas também serve como um exemplo inspirador para seus alunos.

Neste espaço propício ao aprendizado, a comunicação aberta é crucial. Os educadores devem incentivar os alunos a expressar suas opiniões e a questionar os conceitos apresentados. Essa prática não apenas enriquece as discussões em sala de aula, mas também fortalece a habilidade crítica dos estudantes, preparando-os para uma vida adulta mais reflexiva e atuante na sociedade.

Por fim, ao refletirmos sobre o papel transformador dos educadores no aprendizado dos alunos, é importante destacar que essa jornada não é solitária. Envolver pais e a comunidade nesse processo cria uma rede de suporte essencial para alunos, formando uma verdadeira comunidade de aprendizado. A educação deve ser um esforço conjunto que une todos em prol do crescimento e do desenvolvimento integral dos estudantes.

Assim, fica claro que o papel do educador é mais do que apenas disseminar conhecimento; trata-se de inspirar, fazer a diferença e, acima de tudo, cultivar a próxima geração de pensadores críticos e cidadãos conscientes. A jornada é desafiadora, mas repleta de gratificações, e cada pequeno passo dado é um avanço na formação de um futuro melhor. É essa essência que devemos sempre buscar resgatar e valorizar nas práticas educacionais.

A continuidade na busca pelo conhecimento é uma jornada que nunca deve ser considerada como finalizada, mas sim como uma nova etapa a cada passo que damos. O aprendizado, portanto, não se encerra nas páginas deste livro; ele se expande em todas as direções, convidando cada um de nós a explorar novas formas de ensinar e aprender. Imaginem, por um instante, o potencial que se abre quando adotamos uma abordagem ativa no ensino da Física.

Incentivamos todos os educadores, alunos e amantes da ciência a integrar estas práticas inovadoras em sua rotina. Participar de workshops, colaborar em projetos não só enriquece o conhecimento individual, mas também promove um ambiente coletivo onde a curiosidade prevalece. Cada técnica, desde a utilização de simuladores até a realização de experimentos práticos, deve se tornar um alicerce em nossa jornada educacional. É nessa construção que conseguimos transcender os limites tradicionais e oferecemos um ensino significativo.

Além disso, é essencial que cada educador se mantenha aberto a novas ideias e metodologias. O mundo está em constante transformação, e a educação deve acompanhar a evolução das necessidades e desafios que surgem. Ao nos engajarmos na nossa própria formação, não apenas melhoramos como profissionais, mas inspiramos nossos alunos a fazer o mesmo. Essa disposição para o aprendizado contínuo é que molda os educadores do futuro, aqueles que terão a responsabilidade de guiar as mentes mais jovens em direção a um mundo mais complexo e acompanhado pela ciência.

A Física, com suas verdades e conhecimentos fundamentais, não pode ser vista como um mero conjunto de regras e fórmulas complicadas. Ao contrário, ela deve ser entendida como uma lente através da qual podemos interpretar e interagir com a realidade ao nosso redor. O nosso papel como educadores é reforçar essa ideia, ajudando nossos alunos a enxergar a física não como um obstáculo, mas como uma ferramenta poderosa que abre portas para a inovação e o entendimento crítico.

Neste capítulo, faremos um apelo para que nunca parem de questionar, de buscar respostas e de compartilhar suas descobertas. Que cada aula seja uma aventura exagerada, repleta de provocações e discussões empolgantes. O conhecimento é um tesouro que deve ser compartilhado, um ciclo onde todos aprendem e ensinam simultaneamente. Que cada um, a sua maneira, encontre formas de trazer a Física para o cotidiano, vivendo-a intensamente.

Ao encerrarmos este livro, devemos levar em consideração que a jornada apenas começou. A responsabilidade de formar cidadãos conscientes e atuantes está em nossas mãos. A realidade que sonhamos para nossas salas de aula começou a ser construída por ações pequenas, mas significativas. Portanto, vamos continuar essa travessia, buscando sempre o melhor em nós mesmos e utilizando a Física como o farol que iluminará o caminho à frente.

Encerramos com uma mensagem de esperança e determinação. Que a curiosidade nunca arrefeça e que a paixão pelo ensino permaneça vibrante. Ao adotarmos uma postura ousada e criativa, podemos construir um futuro onde cada estudante se sinta valorizado e possa brilhar por meio da Ciência. O compromisso com a transformação da educação é tarefa de todos, e com cada pequeno passo, olhemos sempre para frente. Vamos juntos continuar essa jornada, desbravando novos horizontes no ensino de Física!

A busca pelo conhecimento em Física não é apenas uma jornada individual; ela se torna uma comunidade quando todos se envolvem. Este é o nosso convite a você, leitor: participe ativamente da construção do conhecimento! Ao conectar-se com educadores, estudantes e curiosos, você se insere em uma rede rica de colaborações e compartilhamentos que vão além das paredes da sala de aula.

Considere a possibilidade de desenvolver projetos interdisciplinares que o inspirem. Pesquisas que abordem desafios atuais enquanto integram Física, Matemática, Ciências Sociais e Artes podem ser transformadoras. Por exemplo, que tal promover um concurso onde os alunos criem soluções sustentáveis para problemas ambientais de suas comunidades? Essa interação não só aprofundaria o aprendizado de Física, como também impulsionaria o desenvolvimento de habilidades de trabalho em grupo, inovação e criatividade.

Além disso, as plataformas digitais oferecem oportunidades extraordinárias para esses engajamentos. Redes sociais, fóruns online e grupos de discussão permitem que estudantes e educadores compartilhem suas experiências, troquem ideias e colaborem em projetos em tempo real, independente da localização geográfica. Esses ambientes virtuais podem ser fundamentais para a formação de uma nova geração de cientistas e cidadãos críticos e conscientes.

Ademais, instigamos você a não ter medo de inovar no ensino. Use seus conhecimentos e habilidades para criar experiências de aprendizagem alternativas, que atraiam e motivem os alunos. Ao transformar aulas teóricas em experiências prática, usando jogos educativos ou simulações, você irá não apenas ensinar Física, mas instigar uma paixão pela ciência e pelo aprendizado.

Ao encerrar este capítulo, lembremos que a criatividade e o engajamento nas aulas de Física são as chaves para desbloquear potenciais. Não subestime o impacto que suas ações podem ter. Você, leitor, é parte dessa jornada, e seu envolvimento pode promover não apenas a descoberta do conhecimento, mas também criar um mundo onde a Física é vista como um aliado, ferramenta poderosa na compreensão do ambiente ao nosso redor.

Portanto, que cada leitor saia motivado a ser um divisor de águas no ensino da Física, buscando novas formas de ensinar e aprender, compartilhando o amor pela ciência, contribuindo para um futuro onde o conhecimento seja sempre acessível, vibrante e transformador. Este é o nosso chamado à ação! Vamos juntos nessa grande jornada do saber, equipados com a coragem de inovar e o espírito de comunidade.

Chegamos ao final desta jornada pelo intrigante e fascinante universo da Física. Ao longo de cada capítulo, exploramos juntos não apenas conceitos e teorias, mas também a importância de adaptar nosso ensino e compreensão a um mundo em constante transformação. Este livro foi elaborado com o coração e a mente voltados para inspirar educadores e alunos a verem a Física como uma ferramenta extraordinária para desvendar os mistérios da natureza e para enfrentar os desafios da vida cotidiana.

Espero que as práticas e reflexões apresentadas aqui encorajem cada um de vocês a cultivar a curiosidade científica, a questionar e a experimentar. A Física não é apenas uma matéria que se aprende, mas uma linguagem que nos ensina a compreender e interagir com o mundo ao nosso redor. Encorajo-vos a levar adiante a paixão pela aprendizagem e a não desistir diante dos obstáculos. Cada experimento, cada projeto e cada debate em sala de aula contribui para a construção de uma sociedade mais entendida e consciente.

Através do empoderamento mútuo e da colaboração, temos a oportunidade de transformar o ensino e a aprendizagem. Que este livro inspire não apenas novos professores e estudantes, mas todos que desejam se aprofundar no conhecimento e fazer a diferença em suas comunidades.

Obrigado por embarcarem nesta jornada comigo. Estou confiante de que, juntos, podemos promover um futuro onde a Física se torne cada vez mais acessível, prazerosa e inspiradora.

Ezequias de Souza Ferraz Júnior

www.ingramcontent.com/pod-product-compliance
Lightning Source LLC
Chambersburg PA
CBHW050259230526
45471CB00005B/1958